# 你想飞吗，像鸟一样？

## 一座关于飞行的纸上博物馆

［英］理查德·道金斯（Richard Dawkins）/ 著

［斯洛伐］亚娜·伦佐娃（Jana Lenzová）/ 绘

高天羽 / 译

湖南科学技术出版社　博集天卷 CS-BOOKY

本书献给埃隆

一个想象力出众的人

# 目 录

第 1 章

# 飞翔的梦

## DREAMS
## OF FLYING

《扑翼飞机》（达·芬奇绘）

这种景象只在想象中有，但这是多么大胆的想象！

你是否偶尔做过这样的梦：像鸟一样在空中飞翔？我做过，并且很喜欢。梦中的我轻松自如地掠过树梢，上上下下地翱翔、俯冲、嬉戏和闪躲。电脑游戏和虚拟现实头盔能够提升我们的想象力，带我们到传说中的神秘空间去飞行。但那毕竟不是真的。难怪历史上最有智慧的一些人物，特别是莱奥纳多·达·芬奇，会渴望加入飞鸟的行列，还设想出机器帮助自己上天。我们将在后文看到一些古老的设想。它们没有成功，其中的大部分也不可能成功，但飞行的梦想并未因此破灭。

　　本书的书名是《你想飞吗，像鸟一样？》，一看就知道，它写的是飞行，是克服重力的种种方法，它们有的是人类千百年以来发现的，有的是动物在数百万年中摸索出来的。此外，本书也包含了飞扬的思绪和想法，它们都源自对飞行的思考，这类题外话会用较小的字体表示，通常用粗体的"**顺便说一句**"开头。

先从一件最稀奇的事开始我们的畅想吧：2011年美联社做了一次民调，结果显示77%的美国人相信天使存在。穆斯林本来就应该相信天使，天主教徒也向来认为，我们每一个人都被自己的守护天使照看着。如果这是真的，我们周围就会有许多无形的翅膀在悄无声息地拍打着。《一千零一夜》里的故事说，你只要坐上一块魔毯，说出你想要去的地方，它就会立刻把你送到那里去。神话里的国王所罗门也有一块丝线织成的亮晶晶的毯子，它大得能坐下4万个臣民。所罗门坐上毯子就能对风发号施令，他想去哪里，风就吹他去哪里。古希腊神话说到了珀伽索斯，那是一匹长着翅膀的白色骏马，驮着英雄柏勒洛丰去行使他的使命，杀死怪物喀迈拉。穆斯林也相信先知穆罕默德曾经坐上一匹飞马"夜行登霄"。他骑着这匹"布拉克"从麦加疾飞到耶路撒冷，这匹神兽的形状像马，长着双翅，在图画中往往长着一张人脸，仿佛希腊神话中的半人马。"夜行登霄"是我们在睡梦中都曾体会过的事情，我们在睡梦中的一些旅行，包括在梦中飞翔，少说也和穆罕默德的经历一样奇特。

在希腊神话中，伊卡洛斯用羽毛和蜂蜡做了一对翅膀，粘在自己的胳膊上。但是伊卡洛斯很自负，他飞得离太阳太近了。阳光烤化了蜂蜡，最后他摔死了。这是个很好的故事，教育我们不

# 第1章
## 飞翔的梦

可自大，但在现实中，伊卡洛斯飞得越高，应该会越冷而不是越热才对（见图 1.1）。

女巫就应该骑着扫把在空中穿行，近些年哈利·波特也加入了她们的行列。圣诞老人和他的驯鹿迎着 12 月的大雪，从一根烟囱飞到另一根上。冥想的宗教大师或苦行僧也谎称能以打坐的姿势飘浮于地面上空。飞行是很受欢迎的一种空想，它十分流行，成为搞笑漫画的灵感来源，关于飞行的搞笑漫画几乎和荒岛笑话一样多了。其中我最喜欢的一幅毫无悬念来自《纽约客》：一男子走在街上，见半空中的墙上有一道门，门牌上写着"全国飞行学会"。

阿瑟·柯南·道尔爵士创作了理性的侦探夏洛克·福尔摩斯，那是第一个虚构的侦探形象。他笔下的另一个人物是令人生畏的查林杰教授（Professor Challenger），那是一名同样理性却凶残的科学家。道尔显然很推崇这两个人物，他自己却心甘情愿被一个小儿科的恶作剧愚弄，他的这两个主人公要是知道了肯定会笑话他的。那是一个名副其实的"小儿科式"的恶作剧，因为骗他上当的是两名爱开玩笑的儿童，她们伪造了长着翅膀的"精灵"照片。埃尔茜·赖特（Elsie Wright）和弗朗西丝·格里菲思（Frances Griffiths）是表姐妹，她们从一本书上裁下精灵的图片，把它粘在硬纸板上挂在花园里，然后拍下彼此和"精灵"一起玩耍的照片。这个"柯亭立精灵"

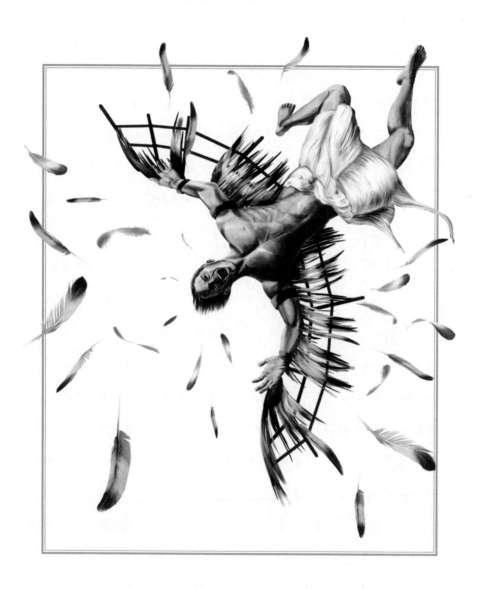

图 1.1 "骄傲在败坏以先，狂心在跌倒之前"

伊卡洛斯飞得离太阳太近，最后摔死了。

图 1.2 柯南·道尔相信精灵存在

　　无论是福尔摩斯还是查林杰教授，都不会像他们的创造者一样被这种鬼把戏骗倒。不过柯南·道尔还是一位很棒的作家！

（Cottingley Fairies）的恶作剧愚弄了许多人，道尔只不过是其中最有名的一个。他甚至专门写了一本书，名叫《精灵来访》（*The Coming of the Fairies*），宣扬他对那些长着翅膀的、在花丛中如蝴蝶般轻快飞舞的小人的强烈信仰。

对此，暴躁的查林杰教授可能会大声喝问："那些精灵是从怎样的祖先演化来的？它们是猿猴变的吗，就像普通人类那样？它们的翅膀在演化上又是什么来头？"道尔自己是医生，懂一点解剖学，按说应该会想到精灵翅膀的问题：它们究竟是肩胛或肋骨的突出的延伸，还是一对全新的器官？在如今的我们看来，那几张照片明显是伪造的。但我也要为阿瑟爵士说句公道话：他的年代离 Photoshop 的诞生还要很久，人们都相信"照片不会说谎"。

而我们这通晓互联网的一代已经知道，照片造假可太容易了。柯亭立的那对表姐妹终于承认她们是在恶作剧，但那时她们都已经 70 多岁，柯南·道尔也早去世了（见图 1.2）。

飞翔的梦仍在继续。每一天当我们在互联网上遨游时，这个梦都激发着我们的想象。当我在英格兰打出这些字句时，它们就"上升"至云端，并可以随时"下降"到美国的某台电脑里。我能登入一幅旋转地球的图像，从牛津虚拟地"飞"到澳洲，在半路上"俯瞰"阿尔卑斯山脉和喜马拉雅山。我不知道科幻作品中的反重力机器能否变为现实，我猜是不能的，后文也不会再提这个可能。在不偏离科学事实的前提下，本书将列出克服重力的几种方式，虽说克服也不等于完全摆脱重力。人类用我们的技术，动物用它们的体格，如何解决飞离地面这个难题，如何摆脱重力的专制，即便只是暂时或部分地摆脱？但首先我们要问另一个问题：为什么动物飞离地面是一件好事？在自然界里，飞行究竟有什么益处？

第 2 章

# 飞行有什么益处？

## WHAT IS FLIGHT
## GOOD FOR?

这个问题可以从许多角度回答，你或许想说这还值得问吗？我们必须从美梦中醒来，不能再在神话般的云朵中幸福地飘荡了，而要脚踏实地一些——抱歉，这个双关实在有些老套。对这个问题，我们必须给出确切的答案，而且对生物体来说，这意味着一个达尔文式的答案。演化是一切生物变成现在这个样子的原因。说到生物体，每一个"这有什么益处？"的问题都无一例外地指向同一个答案：达尔文式的自然选择，或者说"适者生存"。

那么，用达尔文的话来说，翅膀又有何"益处"呢？是有利于动物的生存吗？是的，当然，我们很快也会见到许多在实践中体现这个答案的具体例证，比如在空中寻找食物。但生存只是一个方面。在一个达尔文式的世界里，生存只是手段，而繁殖才是目的。雄性飞蛾一般会扇动翅膀乘着微风飞向一只雌性飞蛾，为它引路的是雌性的气味,这气味即使稀释了千万亿倍,仍能为一些雄性所觉察(见图2.1)。

它们有这个本领,靠的是那对巨大而敏感的触须。这个本领对雄性自身的生存并无帮助,但是就像我说的,生存只是手段,

图 2.1 "我闻到大约五千米外有一只雌蛾"

飞蛾的触须,比如这只飞蛾长满美丽绒毛的这对触须,能在微风中感知远方的雌性。雄性飞蛾会一边往触须上扇风,一边转动身体,以此扫描所有方位。

而繁殖才是目的。

　　我们还可以进一步修正上面的说法，同时重新审视"生存"这个概念。重要的不是个体的生存，而是基因的生存。个体会死，基因却会作为副本存活下来。通过繁殖实现的生存实质是基因的生存。基因，至少那些"好的"基因，能生存许多个世代，甚至千百万年，只要它能忠实地复制下去。"坏的"基因就无法生存了——对基因来说，这就是"坏"的意思。那么一个基因怎样才算"好"呢？它要善于构造一具身体，这具身体要善于生存和繁殖，并将同样的一套基因遗传下去。为飞蛾制造出巨大触须的那些基因能够生存，是因为那些触须能感知雌性，从而使这些基因进入雌性产下的卵中。

　　同样的道理，翅膀也有利于制造翅膀的那些基因长期生存。基因制造出了擅长飞行的翅膀，就能帮助它们的拥有者将这些基因遗传给下一代，以及再下一代。就这样代代相传，经过无数世代之后，我们就能见到一批极擅长飞行的动物了。在近代（这个"近代"是以演化的标准而言的，其实离今天也已经很久远了），人类工程师重新发现了如何飞行——他们的做法和动物很像，这一点并不令人意外，因为物理学到哪里都是一样的，无论是演化中的鸟类和蝙蝠，还是今天设计飞机的人类，都要应对同样的物理学定律。不同的是，飞机真是设计出来的，而鸟类、蝙蝠、飞蛾

第 2 章
## 飞行有什么益处?

和翼龙却绝非谁的设计,是自然选择从它们的祖先中把它们塑造出来的。它们之所以善于飞行,是因为在过去的世代中,它们的祖先比那些不善于飞行的对手略胜一筹,那些对手因此没有留下后代,也没有将不善于飞行的基因遗传下来。这个道理我在其他书里解释得更为充分,但目前来说上一段和这一段的解说已经很充分了,接下来就可以详细说说飞行有什么益处了。关于这个益处,各个物种各不相同。我们这就分别来考察它们。

有些鸟类飞起来很费力,比如孔雀,它们只能将身体抬到空中短短一段距离,等避开了捕食者后再降落到安全的地方。海里的飞鱼也是如此。这类飞行可以看作一种有辅助的跳跃。不仅是孔雀这样糟糕的飞行者,许多鸟类都会用飞行躲避困在地上的捕食者。当然,捕食者也不都是困在地面上的,它们中有些也会飞。于是在漫长的演化史中上演了一场空中装备竞赛。猎物为了逃脱捕猎越飞越快,猎手也相应提高了速度。猎物演化出了迂回曲折的逃跑动作,猎手也跟着演化出反制的手段。比如夜间飞行的蛾子和捕食蛾子的蝙蝠,它们的军备竞赛就是一个精彩的例子。

蝙蝠在黑夜中探明方向,逼近猎物,它们使用的是一种我们难以想象的感官。蝙蝠能发出超声波(频率极高,人耳无法听见)脉冲,并在脑中分析这些超声波脉冲的回声。当蝙蝠飞到飞蛾附近时,它的超声波脉冲会由缓慢的"滴滴滴"变成快速的"嗒嗒嗒",

到最后的进攻阶段更是变成一声连绵急促的"呲——"。如果将每一段声波脉冲想象成对环境的采样，你就很容易理解，为什么增加采样频率能提高瞄准目标的精确度了。千百万年的演化完善了蝙蝠的回声技术，包括它们脑中为这种技术服务的精密软件。而与此同时，位于军备竞赛另一边的飞蛾也经历了一些巧妙的演化。它们长出了专门接收超高频声音的耳朵，能听见蝙蝠的尖啸。它们还发展出了一套无意识的自动躲避策略，一听到蝙蝠靠近就会启动，这套策略包括俯冲、潜伏和闪躲。蝙蝠方面也相应演化出了更快的反射和更灵巧的飞行技术。在我们看来，这场军备竞赛的巅峰，就好像二战中"喷火"式战斗机和梅塞施密特战斗机十分著名的空中缠斗。这是一场夜色中上演的好戏，在我们听来也可能是一场悄无声息的默剧，因为我们的耳朵不同于飞蛾，无法听见蝙蝠发出的机枪般的脉冲，而飞蛾的耳朵几乎不接收别的声音，蝙蝠很可能是它们长出耳朵的主要原因。

☞ **顺便说一句**，在蝙蝠面前保护自己，可能也是飞蛾长出绒毛的原因。声学工程师若想减少一个房间的回声，就会在墙上铺设有吸音性能的材料，那些材料就像飞蛾的绒毛。不过有的飞蛾还另有一种更巧妙的手段：它们的翅膀上铺了一层有微小分叉的鳞片，这些鳞片能与蝙蝠的超声波共振，从而使它们像隐形轰炸机般"从雷达上消失"。有的飞蛾还会自己发出超声波噪声,或许能"干扰"蝙蝠的雷达(那是名副其实的声呐)。还有少数几种飞蛾用超声波求偶。

在地面上觅食的鸟类会在某个觅食地点的食物耗尽时靠飞行迅速转移至另一处。兀鹫和猛禽靠翅膀占据高处的有利位置,在飞行范围下方的一大片区域内搜索食物。为此兀鹫会飞得很高。它们的猎物反正已经死了,不必急匆匆地下去捕食,因此它们可以飞到很高的空中,在一大片区域中寻找猎物的显著迹象,比如一只被狮子杀死的动物。这类迹象往往还包括一些别的兀鹫。一旦看见一具尸体,兀鹫就滑翔至地面。鹰和雕这样的猛禽则追捕活的猎物,它们在较低的高度上搜索然后俯冲,速度往往极快。许多渔鸟,比如燕鸥和塘鹅,也会做类似的事情,它们使用一种被称为"俯冲跳水"(plunge-diving)的技术。

塘鹅会俯瞰大片开阔的海面,寻找鱼群的迹象——那可能是海面的一片阴影或者是其他已经聚集的鸟类。当一群密集的塘鹅或一群与塘鹅血缘关系很近的鲣鸟从高空俯冲,以约 97 千米的时速轰炸鱼群时,那是生命所能呈现的最精彩的画面之一。这种无情的闪击勾起了另一幅二战影像:仿佛斯图卡式轰炸机吹响它们的"耶利哥号角"。不同之处在于,塘鹅和鲣鸟并没有猛掼下来

## 第 2 章
## 飞行有什么益处?

摔死——一般不会,虽说入水时的误判也会让它们折断脖子;而且长时间看来,一辈子俯冲跳水确实会对它们的眼睛造成渐进性伤害:一只鲣鸟的生命最终可能因其糟糕的视力而终结。你可以说它们是因为跳水缩短了寿命。可要是它们不跳,寿命会缩得更短,因为不跳就可能饿死。塘鹅更是专攻跳水的鸟类,一旦失去这个技能,它们就无法与其他鸟类竞争,比如与在海面上觅食的鸥鸟竞争(见图 2.2)。

☞ **顺便说一句**,这里体现了演化论中一条有趣的原理,它接着还会在本书中不断出现:这就是折中原理。达尔文式的自然选择可能会驱使一种动物在年老时缩短自己的寿命,如果这么做能使它年轻时的繁殖成功率提高的话。我们已经看到,在达尔文式的语汇中,"成功"意味着在死亡之前为你的基因留下大量副本。如果一套基因能驱使塘鹅在年轻时更高效地捕鱼,它们就能成功地被遗传给下一代,即使这套基因也会在塘鹅年老时加速其死亡。这个逻辑可以帮助我们

---

⊙ 图 2.2 鸟类世界的斯图卡式俯冲轰炸机

塘鹅和鲣鸟都是空中捕鱼大师。虽然这幅图只画了一只塘鹅,但是一大群塘鹅集体俯冲轰炸的场面是任谁见了也忘不了的。

理解自己为什么会衰老，虽然我们不必俯冲进水里捕鱼。我们的基因是从一长串祖先那继承来的，祖先们都曾是成功的年轻人，但他们不必是成功的老年人，因为到老年时，他们多半已经完成了繁殖任务。

塘鹅很快，但是俯冲轰炸的冠军还要数隼，隼能抓住飞行中的鸟。在为捕捉猎物俯冲时，一只游隼能加速到约 322 千米每小时。以这个时速俯冲的最佳体形和水平飞行搜寻猎物的最佳体形相当不同。俯冲的游隼会像一架可变翼战斗机那样收起翅膀。这样巨大的速度会带来问题和危险。如果没有经过特别改进的鼻孔，那么游隼就会无法呼吸（它们的鼻孔形状也部分被复制到了每一款高速飞机的喷气发动机上）。在如此危险的速度之下，一次笨拙的撞击就会使游隼的脖子折断。与塘鹅一样，一边是繁殖成功的短期利益，一边是缩短寿命的长期风险，游隼肯定也在两者间做了取舍（见图2.3）。

飞行还有什么益处？对鸟类来说，悬崖的突岩是筑巢和栖息的理想场所，能使它们避开狐狸之类的地面猎食者。三趾鸥是一种专门在突岩上筑巢的鸥鸟，那些突岩险峻而难以接近，不要说猎食者，就连其他鸟类都难以袭击它们。许多鸟类在树上构筑安全的巢穴。而翅膀是一件优秀的工具，能使鸟类快速攀上树枝，

图 2.3 演化军备竞赛的巅峰

　　游隼能以约 322 千米的时速朝飞行的猎物俯冲（猎物就是这场竞赛的另一阵营）。

运送草和其他筑巢材料，还有之后喂养雏鸟的食物。许多树上都挂满果实，这为巨嘴鸟、鹦鹉和其他许多鸟类、较大的蝙蝠提供了食物。是的，猿猴也会爬到树上采摘果实，但即使是最矫健的猿猴也无法在这场枝叶间的采摘竞赛中匹敌鸟类。长臂猿是所有爬树动物中最矫健的，它们将一种叫"臂力摆荡"的技术修炼到了化境，简直像在飞翔。臂力摆荡（brachiation，来自拉丁文"brachium"，意思是"手臂"）就是在树木间荡来荡去，摆荡时运用长长的手臂，仿佛手臂是一双长腿颠倒着在空中奔跑。一只全速"飞行"的长臂猿以危险的速度在树冠间猛冲，将自己从一根树枝荡到可能几米之外的另一根树枝上。这不算严格意义上的飞行，但也很接近了。在历史上的某一阶段，我们的祖先或许也曾在树上摆荡过，但是我敢肯定，我们比不过长臂猿。

花朵产生花蜜，花蜜是蜂鸟、太阳鸟、蝴蝶和蜜蜂的主要飞行燃料。蜜蜂用花粉喂养幼虫，而花粉也采集自花朵。蜜蜂科属于范围更广的昆虫纲，这一科的昆虫全部依赖于花卉，从大约1.3亿年前的白垩纪开始，它们就和花卉共同演化（协同进化）了。而要迅速地在花朵之间转移，还有什么方法比飞行更好呢？

昆虫大多会飞，捕获飞行的昆虫已经成了燕子、雨燕、鹟和小型蝙蝠的高超技术。蜻蜓也有这个本事，它们先用大眼睛发现飞行的昆虫，然后熟练地抓住它们。

# 第 2 章
## 飞行有什么益处?

雨燕是食虫专家,并且完全在飞行状态中捕捉昆虫。它们将飞行生活推到了极致,双足几乎从不在地面降落。它们甚至掌握了在空中交配的艰难技巧。就像海龟离开陆地到海里生活一样,雨燕的祖先也离开陆地飞到了天上。两者都只在产卵的时候回到地面,雨燕还要在地面上孵化并喂养雏鸟。对雨燕你会产生一种感觉:如果有可能在空中产卵,那么雨燕也会尝试的,就像鲸比海龟走得更远,它们从不为任何理由返回陆地(见图 2.4)。

就像它们的名称所展示的那样,雨燕(swift,也有"迅速"的意思)飞得极快。它们也提醒了我们一件事:能够高速移动是飞行的主要优势。100 年前,巨型邮轮要行驶好几天才能穿越大西洋,而今天我们坐飞机几小时就到了。形成这一区别的主要原因是水的阻力大于空气。即使同样是在空中,阻力也会因为高度而变得不同。一架飞机飞得越高,稀薄的空气对它的阻力就越小,这也是现代客机要飞到高空的原因。那它们为什么不飞得再高些呢?其中一个因素是,如果飞得太高,它们的发动机会因缺乏氧气而无法燃烧燃料。但火箭发动机本来就要在地球大气之外工作,所以会自己携带氧气。其他因素也会制约飞机的设计,使它们无法飞得太高。比如我们会在第 8 章看到,飞机需要空气来获得升力,而到了极高的空中,空气会很稀薄,飞机必须飞得很快才能获得升力。为低空飞行而设计的飞机到了高空是无法顺利飞行的,反之,火箭则不需要空气来获得升力，也不需要翅膀。火箭发动机直接克服重力将它们推上高空。一旦达到轨道速度，火箭就能关闭发动机、失重地飘浮，同时以极快的速度飞行。

　　我小时候常担心火箭发动机不能在外太空工作，因为火箭后方没有可以"推动"它的空气。但是我错了。火箭的飞行和"推动"无关。下面就说说为什么。先来举两个更贴近地面的例子做对比：大炮发射时会产生巨大的后坐力。当炮弹从炮管中射出时，整个炮身都会带着轮子向后滑动。没有人会认为后坐力是因为炮弹在"推动"炮管前方的空气。实际发生的事情是这样的：炮弹内的火药发生爆炸，爆炸产生的气体猛地冲向四面八方，侧面的冲力相互抵消，向前的力推着炮弹冲出炮管，没有遇到多少阻力。而向后的力作用于炮身，使它在轮子上向后震动。如果你坐在平底雪橇上，这样的后坐力能够推着你在冰面上滑动。比如你要去一个方向，只要朝相反的方向发射步枪就行了。如果你对物理学感兴趣，就会知道我们这里说的是牛顿第三运动定律："相互作用的两个物体之间的作用

第 2 章
**飞行有什么益处?**

力和反作用力总是大小相等，方向相反，作用在同一条直线上。"
雪橇前进不是因为步枪子弹推动了空气，你要是在真空中还会滑得
更快，真空中的火箭发动机也是这个道理。

地球的自转轴是倾斜的，这意味着当它围绕太阳运转时会有季

图 2.4 飞翔的一生

雨燕将飞行的生活推到了极致，就连交
配都不会落地。它们对在地面上行走的感觉
是否像我们对潜泳一样陌生?

节变化；这也意味着，最佳的觅食地点或生育地点每个月都不一样。对许多动物来说，找到更好天气的收益超过长途迁徙的成本，因为好天气会带来许多别的好处。当然，动物的"好"天气未必是我们人类认为的天朗气清，可以欢度暑假的那种天气。鲸会从温暖的繁殖区迁徙到较冷的水域，因为那里有富含营养物质的上升流，能提供鲸所仰赖的食物链。翅膀使鸟类能长途飞行。许多鸟类都能迁徙，但长度纪录的保持者还是北极燕鸥，每一年，它们都会从它们交配繁殖的北极圈出发，飞行约1.9万千米到达南极圈，再从那里飞回来。它们只用两个月就能完成这场旅行。要在这么短的时间内移动这么遥远的距离，只有在空中才有可能。北极燕鸥每年都会避开冬天，过两个夏天（见图2.5）。这个极端的例子告诉我们为什么这么多动物都会迁徙。

　　不单是鸟类，许多迁徙动物都显示了精确导航的高超本领及强韧的耐力。欧洲的雨燕每年要到非洲去越冬，来年夏天再回到同一个地点，找到它们自己的巢穴。这种精准导航的能力令人惊叹。鸟类是怎么做到这些的，长久以来是一个谜。现在这个谜即将解开。鸟类学家给一只鸟戴上脚环，现在又装上了微小的 GPS 信号发射器，好追踪它们的行动。他们甚至用上了雷达，以记录大群候鸟的迁徙路线。我们现在明白了，鸟类会运用几种导航技巧，在迁徙过程的不同阶段，不同的鸟类会偏爱不同的方法组合。

　　熟悉的地标是一种线索,当迁徙即将结束、接近去年的巢穴时,候鸟肯定会查看地标。我们还知道,在漫长的旅途中,鸟也会追踪河流、岸线或是山脉。对于许多鸟类,年轻的小鸟在第一次迁徙时,都要有年长老练、熟悉地理的老鸟陪伴。除了地标,鸟类

图 2.5　**长途迁徙的世界纪录**

　　*北极燕鸥在南北两极之间迁徙,它们从未见过冬季,只见过相距约 1.9 万千米的极地的夏季。*

还求助于体内的指南针。现在已经证明，有些鸟类对地球磁场相当敏感。我们未必清楚它们如何看到或感到那根指南针的方向，只知道它们有这个能耐。这里的"看到"很可能是一个合适的动词，因为关于鸟类导航机制的一个主要理论认为，这个机制存在于鸟类的眼睛里。

我们早就知道，候鸟（还有昆虫和其他动物）也会把太阳当作指南针。当然，太阳的位置是变化的，早晨在东面，晚上在西面，正午时又在南面（如果你在南半球就是北面）。这意味着，一只候鸟要想将太阳当作指南针，就必须知道一天中的时间。动物确实有一只体内的时钟。不仅如此，每个细胞都有时钟。因为有体内的时钟，我们才会在白天或夜晚的固定时间想要做一些事情或者感到饥饿和困倦。研究者曾在实验中将人们关进地下掩体，完全与外界隔绝。但是掩体中的人们仍能维持正常作息，无论是睡眠清醒、开灯关灯，还是一日三餐等，都仍遵循24小时的节律——你或许猜到了，那不是正正好好的24小时，可能长了那么10分钟，所以渐渐地，掩体中的人们会与外面脱节。这就是为什么这种机制会被称作"生物钟"（circadian cycle），而不是简单的"时钟"。在正常环境下，生物钟会在人看见太阳时自动校准。候鸟也和所有动物一样配备了时钟，可以在将太阳当作指南针的时候参照使用。

有的候鸟在夜间飞行，因此无法用太阳导航。但它们可以使

用星星。大部分人都知道一颗特定的恒星——北极星,无论地球
如何旋转,它始终位于我们的北极点上方。因而在北半球,北极
星可以作为可靠的指南针使用。但是繁星众多,你又怎么知道哪
颗是北极星呢?当我和妹妹还小的时候,父亲教了我们很多有用
的知识,其中一样就是你能靠显眼的北斗星(它们是大熊星座的
一部分)找到北极星。只要在离斗柄最远的两颗星星之间连一条
虚线,然后向上延伸至最近的一颗亮星。那就是北极星了(见图
2.6)。如果你身处北半球,在夜间可以用它来导航。如果你身处
南半球,就像在遥远的太平洋群岛之间航行的波利尼西亚人,那
么你就更要老练一些了,因为南极点上空没有这么明显的亮星可
作指南针。南十字座还差得远。这个问题我们之后再说。

即使在北半球,在这个很容易找到北极星的地方,夜飞的鸟
类又怎么分辨那些恒星,并用它们来导航呢?从理论上说,它们
可以在基因中把星图遗传下来,但这么说又好像有些牵强。此外,
还有一个更加可信的法子,我们知道,北美洲的靛彩鹀用的就是
这种法子,这都多亏了康奈尔大学的斯蒂芬·埃姆伦(Stephen
Emlen)在一家天文馆开展的一系列巧妙实验。


    ☞ 靛彩鹀的羽毛是美丽的蓝色,我们可以名正言顺地
      称其为"蓝鸟"。英国没有这样的鸟儿,但奇怪的是,澳大

图 2.6  "我所要求的只有一艘高高的航船和指引它的一颗恒星"

　　北斗星中，在离斗柄最远的两颗星星之间连一条虚线，然后向上延伸至最近的一颗亮星。那就是北极星了。

## 第2章
## 飞行有什么益处？

利亚作曲家珀西·格兰杰（Percy Grainger）却创作了一首欢快的歌曲，名叫《英格兰乡间花园》（*English Country Garden*），其中唱到了蓝鸟。（顺便说一句，澳大利亚倒的确有几种华丽的蓝鸟。）还有一首战时的爱国歌曲唱道："多佛的白色悬崖上将有蓝鸟盘旋。"如果这是在用诗意的语言表示英国皇家空军的蓝色制服，那倒写得不错，但实际的情况可能只是那位美国诗人不知道英国是没有蓝鸟的。你也可以说那是"诗人的任性"——反正诗歌怎么写都成！

靛彩鹀是长途迁徙的候鸟，喜欢在夜间飞行。在迁徙季，被囚禁的靛彩鹀会在笼子的栏杆上拍打翅膀，而它们拍打的那一面正是平常迁徙的方向。埃姆伦博士想出一种方法，用一只环形笼子记录了这种被笼子阻断的偏好。这只笼子的下部是锥形漏斗状的，铺了一层白纸，笼子底部有一块印台，笼中鸟常会在上面落脚。当鸟儿飞到漏斗的高度拍打翅膀，沾了墨水的脚印就会在白纸上标出它们想去的方向。这套装置后来又被其他研究者拿去研究候鸟的迁徙，并以"埃姆伦漏斗"（Emlen Funnel）闻名。在秋天，靛彩鹀偏好的方向大致是南方，这对应着它们平常在墨西哥和加勒比地区的越冬场。到春天，它们又会拍打漏斗的北面，对应的是平常返回北美的旅程。

埃姆伦很幸运，能借到一家天文馆，并将他的漏斗形笼子放进去。他开展了一系列精彩实验，操纵人工星图，将人造星空涂掉几块，等等。通过这些实验，他证实了靛彩鹀确实在用恒星导航，特别是北极星周围的那些恒星，包括北斗星、仙王座和仙后座等星系（要记住，它们是北半球的鸟类）。在这些天文馆的实验中，最有趣的也许是埃姆伦提出的一个问题："这些鸟儿又怎么知道用哪几颗恒星来导航呢？"他没有诉诸它们基因里的星图，而是假设在开始迁徙之前，幼鸟会先花许多时间观察旋转的夜空，它们会发现夜空的某个部分几乎不转，因为那里的星星接近旋转的中心。即便北极星不存在，这种方法也依然成立：没有了北极星，也会有一片夜空看起来是不转的，而那就是北方——或者是南方，如果你是南半球的一只鸟的话。

埃姆伦用一个极巧妙的实验检验了他的想法。他亲手养大了一批幼鸟，并在它们成长期间，只向它们展示天文馆里的星星。其中一组幼鸟看到了一片围绕北极星旋转的夜空。到秋天关进漏斗笼测试时，它们表现出了对正常迁徙方向的偏好。还有一组幼鸟在不同的环境下得到养育，在成长中看到的也只有天文馆的星星。但埃姆伦对天文馆做了狡猾的布置,使这一组的夜空不再围绕北极星,而是围绕另一颗亮星参宿四旋转(如果你生活在北半球,参宿四就是猎户座的左肩,在南半球它则是猎户座的右脚)。最后将这组鸟放进漏斗笼中测试,它们的表现怎样呢? 奇妙的是,它们把参宿四当作了正北,跟着它飞向了一个错误方向( 见图 2.7 )。

图 2.7 像北极星一样恒常?

靛彩鹀沾了墨水的脚在埃姆伦漏斗的内侧印下足迹,标志了它们"想要"迁徙的方向(本图不反映真实比例)。

不过接下来我们还要区分一下"地图"和"指南针"。要飞往一个方向，比如西南方，你只要有指南针就够了。但是对于信鸽，光有指南针是不够的。它们还需要一张"地图"。将信鸽关进笼子里，随便挑选一个方向把它运到远方，然后释放。即便如此，它们也能很快飞回家中，因此它们肯定有办法知道自己是在哪里被释放的。而且研究者用信鸽做实验时，不单单会记录它们是否安全到家。许多时候，他们还会在释放点放鸽子出笼之后，用望远镜追踪信鸽，并记下信鸽从视野中消失时的飞行方向。这些信鸽都在消失之际表现出了往家的方向飞行的倾向，虽然释放点离家很远，它们不可能用熟悉的地标来导航（见图2.8）。

在无线电问世之前，军队曾用信鸽向总部发送情报。第一次世界大战期间，英国陆军将伦敦的一辆公车改造成了战地鸽舍。到第二次世界大战时，德国人又特地训练了老鹰来拦截英国信鸽。这触发了一场鸟类军备竞赛，英国特工也获得了杀死老鹰的许可。

总之，指南针无论怎样精确，都不足以为一只信鸽导航，在使用指南针之前，信鸽必须先知道自己在什么地方。而且不仅是信鸽，任何长途迁徙的候鸟都要备一张地图，好在它们被大风吹离航道时修正路线。有实验者真的用人工手法"吹偏"了候鸟——就是在它们迁徙途中抓住它们，再运到远处的一个地点释放：比如将它们向东运输约160千米再放飞。结果这些候鸟并没有沿着

图 2.8 "我知道我在哪里,也知道要去何方"

信鸽在指南针之外,还需要一张"地图"。

原来的方向飞到目的地以东约 160 千米的地方，而是飞到了正确的目的地。被吹偏后修正飞行路线，这可能就是鸟类最早演化出来的"归巢"行为，而在那之后很久，人类才发明出笼子、轿车或火车来运送它们。

关于鸟类"地图"有各种理论。对富有经验的候鸟来说，熟悉的地标无疑起了作用。有证据表明，气味也很重要——那应该也可以看作一种特殊地标。还有一种理论上存在，但多半不切实际的方式叫"惯性导航"（inertial navigation）。当你坐进一辆轿车，就算蒙上眼睛，你也能察觉到加速和减速（爱因斯坦提醒，我们无法察觉到匀速运动）以及轿车方向的变化。从理论上说，被关在黑暗笼子里的鸽子被轿车载着从家中的阁楼驶向释放点时，也会合计所有的加速和减速、左转和右转。因此从理论上说，这只鸟儿能计算出释放点和家中阁楼之间的相对位置。

一个名叫杰弗里·马修斯（Geoffrey Matthews）的实验者验证了惯性导航理论。他将几只鸽子放进一只遮光大圆桶里，然后从家中的阁楼开车把它们运到释放点，途中圆桶不停旋转。即便受到了这样的虐待，这些可怜的动物仍找到了正确的回家路线。至少可以这么说：这证明了惯性导航假说不太可能成立。不过我在这里必须澄清一个误解。有一本畅销书说，马修斯的装置是卡车后面一圈圈转动的那种水泥搅拌筒。这个生动的形象很符合马修斯博士的幽默感，但这并不是真的。

人类能依靠天文观测计算出自己在哪儿。长久以来，水手一直用六分仪确定自身的方位。第二次世界大战期间，我的叔叔参了军，出于安全考虑，上级不让士兵知道他们所在的运兵船的位置，但我这个叔叔人很聪明，他自己做了一个六分仪来确定方位，结果差点被当成间谍抓起来。六分仪是一种测量两个目标之间夹角的仪器，比如太阳和地平线的夹角。只要在当地的正午时分测出这个夹角，你就可以算出自己的纬度，不过你还得先知道当地的正午是什么时候，而这又会随着你的经度变化。如果你有一只精准的时钟，它就能告诉你某个参考经度（比如格林尼治子午线，或者如果你是一只鸽子的话，你家阁楼的经度）现在的时间，那么你就可以把它和你的当地时间对比，这样理论上就能算出你的经度了（见图 2.9）。可是问题又来了：你该如何确定当地时间呢？同样也是杰弗里·马修斯提出，鸟类不仅能观测太阳的高度，还能观测一段时间内太阳的弧线运动。当然，它们必须观察太阳一小段时间，才能推出这条弧线。这听起来好像不太可能，但我们从埃姆伦的天文馆实验中得知，年幼的靛彩鹀能做到一件有些相似的事情：在夜空中发现星星旋转的中枢。马修斯的学生安德鲁·怀滕（Andrew Whiten）在实验室内对鸽子开展了实验，证明鸽子确实能看出太阳位置的变化。

从理论上说，通过外推其运动弧线，鸽子能够算出在当地的正午时分，太阳的最高点，即天顶会在什么位置。前面说过，太阳在天顶的高度能向鸽子指示出它们的纬度，而天顶之间的水平角距离又能指出当地的时间。它们再对比当地时间和体内时钟所记载的家中阁楼的时间（那是它们自己的格林尼治时间），就能确定自身所处的经度了。

不幸的是，时钟只要稍有不准，都会让航行铸成大错。著名航海家斐迪南·麦哲伦第一次环球航行时带了 18 只沙漏。如果他真用那些沙漏导航，就会导致严重偏航。这在 18 世纪仍是一个大问题，所以英国政府才会举办一场公开竞赛，并以巨额奖金奖励航海时计的发明

图 2.9　水手是不是重新发现了鸟类
的技术？

信鸽的导航手段是不是相当于水手的六分仪？这个想法不算荒谬，但还需要更多证据。

者。航海时计就是一种精准的时钟，无论海洋如何翻腾都不失其准确性——这一点是摆钟做不到的。奖金最后给了约克郡的一名木匠约翰·哈里森（John Harrison）（见图 2.10）。鸽子虽然和所有动物一样，也有体内时钟，但那仍无法和哈里森的计时器相比，甚至比不上麦哲伦的沙漏。不过话说回来，飞行的鸟儿可能也不需要水手一样的精度，毕竟水手一旦偏航是会遭遇海难的。除去马修斯的假说，也有人提出了大致同等类型的其他天文学理论，想以此解开鸟类远距离迁徙导航的谜题。

鸟类还可能使用别的什么地图？基于磁力的地图是一种可能，我们知道鲨鱼就用它。地球表面的各个地点都有独特的磁场特征，这样的特征会是什么样子的？有一个理论描述了它们可能的样子。这个理论用到了一个事实：地磁北极（或南极）与地理北极（或南极）并非完全重合。一个磁力指南针测出的是地球的磁场，它只与地球的自转轴大致对齐。地磁北极和地理北极间的偏差被称为"磁偏角"，任何力求精确的指南针用户都必须考虑这个偏角。磁偏角会因地点而不同（也会因时间而不同，因为地核是运动的，这运动甚至会在漫长的世纪中反复倒转地球磁场）。如果你能测出磁偏角，比如通过测量北极星和磁罗盘上指北的针头间的夹角，你就能（再根据磁场强度）算出自己的位置。这或许就是我们寻找的磁场特征了。

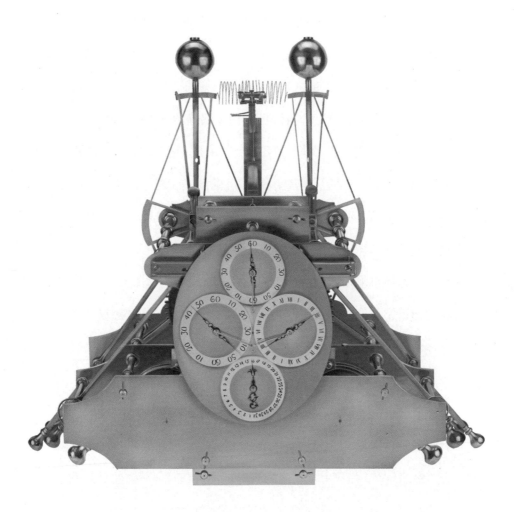

图 2.10　哈里森改进了航海时计

　　如此复杂的零件是多么精雕细琢，每一处细微的改进都剔除了航行中可能致命的几英里[1]偏差。候鸟并不需要同等的精确度（它们不会遇上海难），可它们又是如何导航的呢？

---

1. 编者注：英制长度单位，1 英里等于约 1.6 千米。

有一些不同寻常的证据表明，俄罗斯苇莺（Russian reed warbler）就能做到这一点。实验者将几只俄罗斯苇莺放进埃姆伦漏斗，然后用人工手段使里面的磁场偏转了 8.5 度。如果这些鸟儿只是用一块磁罗盘导航，它们在埃姆伦漏斗中偏好的方向就应该也偏转 8.5 度。但实际上，它们拍打翅膀的方向却足足偏转了 151 度。因为如果将 8.5 度的磁场偏转代入基于磁偏角的算式，就会得出它们已经不在俄罗斯，而是到英国的阿伯丁了！你瞧，它们在埃姆伦漏斗中偏好的方向，正是它们出于某种原因来到阿伯丁，却仍打算前往原定迁徙目标时所要飞行的方向。这个阿伯丁的方向，就是鸟类磁力地图的一种可能的表现。这有助于我们理解鸟类的磁力感觉为什么不仅是一根指南针那么简单。我必须承认，这听起来太顺畅了，好像不太可信。

不用说，谁也不会认为，鸟类能有意识地做出马修斯的太阳导航理论所需的那种复杂计算。鸟类当然没有类似纸笔的东西，也没有磁偏角或磁场强度的表格可供查询。当你在板球场或篮球场上接到一只球时，你的大脑所做的计算相当于在解复杂的微分方程，但是当你调动腿、眼和手去接球时，你不会意识到这种计算，鸟类也一样。

有翅膀的动物能登上单凭腿脚无法到达的岛屿。偏远的岛屿上往往没有哺乳动物，或者唯一的哺乳动物（这要除去人类带去的澳洲野狗或老鼠之类）是蝙蝠。为什么是蝙蝠？当然是因为蝙蝠有翅膀。除了蝙蝠，偏远岛屿主要属于鸟类，而非哺乳类。上岛之后，我们常常发现那些通常由哺乳动物所做的"地面工作"都被鸟类"垄断"了。新西兰的国鸟几维像地栖哺乳动物一般生活，它们的祖先会飞，最初可能就是飞到新西兰的。几维是典型的岛屿鸟类，它们的翅膀萎缩了，因此无法再飞行，这一点我们会在下一章中介绍。但翅膀仍是它们最初上岛的原因。

　　岛屿鸟类的祖先或许是意外来到岛上的，它们可能是被一阵怪风吹离了既定的航线。在这里我要强调困难而微妙的一点。这一章写的是飞行有什么益处。寻找食物、逃离捕食者、每年夏天迁徙到繁殖场，这些都是翅膀显而易见的益处。自然选择完善了翅膀，使它们在外形和功能的每一个细节上都有利于鸟类飞行。但是有幸殖民一个遥远的岛屿却是另一回事。自然选择塑造翅膀，不是为了让拥有它的动物找几片岛屿上去殖民和演化的。如果翅膀在这方面也有什么益处，那这种"益处"就是相当不同寻常的。我们在这里讨论的是一种罕见而奇特的事件，也许那是一个幸运的意外：一阵灾难性的飓风将一只即将产卵的雌鸟吹离了迁徙路线，把它丢到了一个岛上。

　　就算是没有翅膀的哺乳动物，偶尔也会被奇特的意外丢到海岛上。没有人知道啮齿类动物和猴子是怎么到南美洲的。它们都在大约 4000 万年之前登陆南美洲，结果就是各种类型的猴子，还有各种啮齿类——它们都是豚鼠的亲戚，大量繁殖、大放光彩。

4000 万年之前的世界地图看起来和今天不同。当时非洲离南美洲更近,中间还夹杂着几座岛屿。猴子和啮齿类很可能是通过跳岛来到南美的,它们或许乘在植物构成的木筏上漂浮,或许攀在被飓风扫到海里的树上。这种奇特的事件只要发生一次就够了。在那之后,新来的漂流者会发现这是一个好地方,并开始在这里栖息、繁殖,并最终开始演化。鸟类也是这样,区别只是翅膀给了它们先发优势。即便如此,我们还是不能说这种奇特的殖民是翅膀的一种益处,至少不是传统意义上的那种益处,即有了翅膀就能每天飞到高空发现食物。

飞行看来是一种用处极大的能力,似乎对任何目的都很有用。那么你或许要问,为什么不是所有动物都会飞呢? 换种更尖锐的问法:为什么许多动物会到现在这个地步,失去了它们祖先曾经拥有的一对完美的翅膀呢?

第 3 章

# 既然飞行这么好，
# 为什么有些动物失去了翅膀？

## IF FLYING IS SO GREAT,
## WHY DO SOME ANIMALS
## LOSE THEIR WINGS?

猪也可能飞翔

　　猪不会飞翔，那它们可能学会吗？如果不可能，又是为什么？在什么情况下，我们才可以问出动物为什么不做某件事这样的问题？比如为什么有些动物不会飞翔？

为什么大海变得滚烫？

猪有没有翅膀？

——刘易斯·卡罗尔《爱丽丝镜中奇遇记》，1871 年


太阳并没有变得滚烫，虽然总有一天（大约 50 亿年之后）它会。猪显然也没有翅膀，但问一句为什么并不愚蠢。这其实是在以玩笑的口吻问一个更普遍的问题："既然某样东西这么好，为什么不是所有动物都有这东西？为什么不是包括猪在内的所有动物都有翅膀？"许多生物学家会说："这是因为猪没有产生演化出翅膀所需的遗传变化，所以自然选择也无从选择。合适的突变没有出现，或许也不会出现，因为猪的胚胎上不适合长出小的突起，并在日后将这个小的突起发育成翅膀。"我可能是生物学家中的

异类，我并不会立即说出这个答案，而会再加上下面三个答案：
"因为翅膀对猪没有用处；因为翅膀会阻碍它们的特殊生活方式；
因为就算翅膀对它们有用，这种用处也弥补不了它带来的经济损
失。"翅膀未必是好东西，这一事实在一些动物身上得到了证明，
这些动物的祖先曾经有翅膀，后来却放弃了翅膀。这一章就是写
这样的动物的。

　　工蚁没有翅膀，它们无论去哪里都靠走——也许说"跑"更合
适。蚂蚁的祖先是长着翅膀的胡蜂，所以现在的蚂蚁是在漫长的演
化中失去翅膀的。不过我们不必追溯这么久远，完全不必。单说工
蚁的亲代，也就是它的母亲和父亲，它们都是有翅膀的。每只工蚁
都是一只不育的雌性，体内携带了一整套蚁后的基因，要是它们被
换一种方式抚养，就会像蚁后那样长出翅膀。可以说，所有蚂蚁的
基因内都藏着长出翅膀的潜能，只是在工蚁身上没有激发出来罢了。
翅膀肯定有什么坏处，不然工蚁就会发扬它们确定无疑的遗传能力，
把翅膀长出来了。既然雌蚁有的会长翅膀，有的不会，这就说明翅
膀的利弊是精确计算好的。

　　蚁后需要靠翅膀找到新的巢穴，远离原来的母巢，我们到第
十一章再来说说为什么这是一件好事。有了翅膀，年轻的蚁后还能
遇见并非来自自己巢穴的有翅膀的雄蚁。我们同样会在后文看到，
为什么这样的远系繁殖可能是件好事。工蚁是不繁殖的，因此没有

这两项需求。它们平常在地下度过大把时间，只在封闭的空间内爬行。长着翅膀可能反而会妨碍它们在地下巢穴中那些狭窄的通道和房间内行动。有一件事生动地表明了这种可能：在一生只有一次的交配之后，蚁后会飞到一个合适的地方建立新的地下巢穴，然后就会失去翅膀。有些种类的蚁后会自己把翅膀咬掉，还有一些会用腿把翅膀扯掉。自己咬掉翅膀，这是以相当极端的方式证明翅膀并不总是好的。这时翅膀已经完成了让蚁后飞行求偶，并寻找新址筑巢的使命。它们没用了，很可能还会成为地下生活的阻碍，所以蚁后要丢掉或者吃掉它们（见图 3.1）。

诚然，工蚁也不是全部时间都在地下度过。它们也会在地面上急促行走寻找食物，然后带回巢穴。即便翅膀在地下是一种障碍，但如果保留了翅膀，工蚁不是就能像它们的胡蜂祖先那样更快地觅食了吗？胡蜂或许是比蚂蚁快，但我们还要考虑一点：觅食的蚂蚁常要将大块食物带回巢穴，那些食物比它们自身还重，比如一整只甲虫，扛着这样的重担，它们是无法起飞的。蚂蚁往往会排成队列，一起拖动比甲虫更大的猎物。有人甚至见过行军蚁的队列拖动一整只蝎子（见图 3.2）。不像胡蜂和蜜蜂到远处寻觅小块食物，蚂蚁专在家门口觅食，这些食物中有的很大，不可能让蚂蚁飞着带走。而就算没有沉重的货物，飞行也相当耗费能量。我们将在后文中看到，胡蜂的飞行肌是微小的往复式发动机，会烧掉许多含糖的"航空燃料"。要长翅膀肯定得付出代价。任何肢体都必定以吃进去的食物为材料构成，一个蚁巢中有数千只工蚁，如果给每一只都配上四片翅膀，代价不会那么简单，那将严重消耗蚁巢的经济资源。很可能是上述种种考虑将工蚁的天平推向了不长翅膀的那一边。"倾斜的天平"是个恰当的说法，我们在本书中会一再用到经济平衡的概念。关于演化优势的问题，也就是某种器官有什么益处，总会牵

图 3.1　蚁后褪下已经无用的翅膀

　　一只工蚁始终不会长出翅膀，虽然它的父母都有翅膀，它的基因也完全知道如何制造出一对翅膀。但翅膀未必有人们吹捧的那么好。

涉到有关取舍的经济计算——你总要在成本和效益之间权衡。

　　白蚁在有些方面和蚂蚁非常不同，在有些方面又很相似。小时候在非洲时，我就把它们叫作"白蚂蚁"，但其实它们不是蚂蚁，而且与之差得很远。蚂蚁和胡蜂、蜜蜂是亲戚，而白蚁却更接近蟑螂。在演化中，白蚁从近似蟑螂的起始点出发，蚂蚁则从类似胡蜂的起始点出发，两者最终形成了一套相似的生活方式。但是这两条

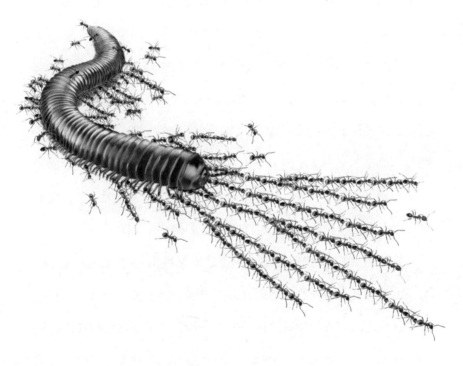

图 3.2　蚂蚁苦役

　　蚂蚁是伟大的合作者。在图中，它们排成长队拖动一条千足虫，这条虫子太大，凭单只蚂蚁是拖不动的。

演化道路的终点仍有重要区别，蚂蚁的工蚁和蜜蜂、胡蜂的工蜂都是不能生育的雌性，白蚁的工蚁却包括不育的雌性和不育的雄性。和蚂蚁相同的是，白蚁的工蚁也没有翅膀，而负责繁殖的雌性和雄性（蚁后和蚁王）有翅膀，它们使用翅膀的目的也和有翅膀的蚂蚁相同。而且有翅膀的白蚁会和蚂蚁一样，在一年中的某几个时段聚集，这也是引人注目的一景。我在非洲时有几个小伙伴，一到长翅膀的"白蚂蚁"聚集的时节，他们就到处奔走将白蚁塞进嘴里。而且烤白蚁也是当地的一道美食呢。和蚂蚁一样，白蚁的蚁后也会在婚飞之后褪掉翅膀，原因想必也和蚂蚁相同（白蚁一般会在封闭空间中待得比蚂蚁更久）。在那之后，蚁后会变成一副丑陋臃肿的模样，这时再长翅膀就像个笑话了。它的头、胸和腿无疑都还是昆虫，腹部却膨胀成又白又肥的一个大包，里面装满蚁卵。这时蚁后成了一座行走的产卵工厂——其实也说不上行走，因为它太胖了，根本走不动。它在漫长的一生中会产下 1 亿多枚卵（见图 3.3）。

用工蚁和白蚁来开头可以生动地说明本章的主旨，因为它们每一只都拥有长出翅膀的基因，却都没这样做。如我们所见，蚂蚁蚁后甚至还会将自己的翅膀扯掉或者咬掉。鸟类不会咬掉自己的翅膀，我们甚至很难想象这个画面。我能想到的略有些相似的唯一例子是脊椎动物的自切（autotomy）。自切就是脊椎动物被猎食者抓住时，会褪掉尾巴或尾巴的一截。这是一个有用的招数，曾在蜥蜴和两栖类中单独出现过很多次，但鸟类从不会如此。和蚁后不同，没有一种鸟类会自切翅膀。不过在演化史中，倒是有许多鸟类的翅膀渐渐缩小了，甚至完全缩没了。在岛屿上尤其如此，我们今天知道的 60 多种岛屿鸟类（再加上许多灭绝的物种）已经不会飞行，其中有鹅、鸭子、鹦鹉、隼、鹤以及 30 多种秧鸡，包括特里斯坦 –达库尼亚群岛上渺小的荒岛秧鸡。

图 3.3 白蚁蚁后曾经是有翅膀的

现在它却退化成一座巨大的产卵工厂，
丑陋而臃肿的腹部将褐色的骨片撑裂。

　　为什么岛上的鸟类会在漫长的演化中丧失飞行能力？我们在前面一章中看到，不会飞的鸟类往往栖息在遥远的岛屿上，那是哺乳类猎食者或竞争者无法到达的地方。缺少哺乳类产生了两个后果。首先，越海飞来的鸟类通常会采用哺乳动物的生活方式，那样的生活并不需要翅膀。在新西兰，大型哺乳动物的角色是由不会飞行且现已灭绝的恐鸟扮演的，几维的行为仿佛中型哺乳动物，而填补新西兰小型哺乳动物空缺的，一是不会飞的斯蒂芬岛异鹩（St Stephens Island wren，刚灭绝不久），二是名叫"沙螽"的不会飞的巨大蟋蟀，它们都源自有翅膀的祖先。

　　其次，既然岛屿上没有哺乳类猎食者，鸟类就会"发现"翅膀不再是逃避捕食的必要器官。这大概就是毛里求斯的渡渡鸟及邻近岛屿上与它们有亲缘关系的不会飞的鸟类的经历，它们都是从某种会飞的鸽子演化而来的，后来却丧失了飞行能力。

　　我给"发现"加上引号是有原因的。显然，当那些鸽子祖先第一次登上毛里求斯或罗德里格斯岛时，它们并没有环顾四周后说："太好啦，这里没有天敌，我们把翅膀缩小吧。"实际情况是，经过了许多世代，那些恰好携带了特定基因，因而翅膀比平均略小的个体取得了更

## 既然飞行这么好，为什么有些动物失去了翅膀？

大的成功。这很可能是它们省下了生长翅膀投入的经济成本，因此有能力养育更多后代，而那些后代也都继承了略小一些的翅膀。于是，随着一代代积累，这些鸽子的翅膀就不断萎缩。与此同时，它们的体形却越来越大。你可以把这看成是将原本用于生长和维护翅膀的资源节约下来，转而投进身体的其他方面。飞行会浪费许多能量，将这些能量都转投到包括壮大体格在内的其他方面是很有意义的。但话说回来，在演化中越长越大是岛屿动物的普遍特征，因此这未必只和翅膀缩小有关。然而令人不解的是，有些时候，岛屿物种也会变得更小。在下一章中我们将会看到，有人认为，在登岛之后，原本较大的动物会变小，而原本较小的动物会变大。

蝙蝠是唯一能殖民远方岛屿的哺乳动物，原因显而易见。但是我没听说过蝙蝠失去飞行能力的例子，无论在岛屿还是别的什么地方。我对此感到惊讶。我们想当然地认为，岛屿上的鸟类在多次演化中忘记飞行的逻辑应该也适用于蝙蝠。我想是不是有可能只是我们没有注意到不会飞的蝙蝠。也许将来的分子遗传学家会在海岛上找到一个"鼩鼱"物种，并发现它是由蝙蝠突然变化而成的（演化意义上的"突然"）。这样猜想很有意思，即使我们现在似乎是错的，今后的研究也始终有可能证明我们是正确的。毕竟更奇怪的事也发生过。在分子遗传学问世之前，谁又能想到鲸是从偶蹄动物演化而来的呢？还有河马和鲸的亲缘关系竟比河马和猪还近！鲸是偶蹄动物，虽然它们已经没有蹄子了！

渡渡鸟失去翅膀是因为没有天敌。但不幸的是，可怜的渡渡鸟没有活过17世纪水手的进犯。有人认为，"渡渡鸟"（dodo）来自一个葡萄牙语单词，意为"笨蛋"。说它们笨，是因为当水手"为了好玩"用棍子打它们时，它们不懂得逃跑。但是它们没有逃跑的原因，想必是那座岛上从来没有需要让它们逃跑的东西，这也是它们的祖先最初褪去翅膀的原因。除了被棍子"打着玩"，和被捕杀吃肉（从当时的报道可以看出它们并不好吃），渡渡鸟灭绝的一个更重要的原因是乘船到岛上的老鼠、猪和宗教难民夺走了它们的食物，并吃掉了它们的蛋。

加拉帕戈斯群岛有一种弱翅鸬鹚，它们的祖先显然是从大陆飞到群岛上的鸬鹚，但遗传到后来翅膀退化了。所有鸬鹚都有一个习惯，就是在潜水捕鱼之后，在空气中张开翅膀晾干。这个习惯相当要紧，因为潜水捕鱼时，它们的翅膀会浸透水分，变得无法飞行（图3.4）。大多数水鸟是没有这个习惯的，它们在羽毛上抹油，使之不会被浸湿，所以才有了那句谚语："像鸭子背上的水。" 弱翅鸬鹚仍会将翅膀张开晾干，虽然它们的翅膀干了也无法飞行。但这里我要补充一句：并不是所有鸟类学家都认为，鸬鹚张开翅膀只是为了晾干它们并准备起飞。

渡渡鸟和弱翅鸬鹚都是在较近的年代失去翅膀的，距今不过几

图 3.4　将翅膀张开晾干

　　和大陆上的鸬鹚一样，加拉帕戈斯弱翅鸬鹚的祖先也有着羽毛丰满的大翅膀，它们就是挥着这样的翅膀飞到群岛的。登岛之后，它们的翅膀在漫长的演化中渐渐萎缩。但这些弱翅鸬鹚仍保留了祖先的一个习惯，就是将翅膀张开晾干。

百万年。鸵鸟和它们的亲戚失去翅膀的年代就早多了，那想必发生在几座早被人遗忘的岛屿上，它们的祖先曾经靠发达的翅膀飞上去定居。曾经带着它们的祖先飞到空中的翅膀如今却萎缩成了短小的残肢，或者像新西兰已经灭绝的恐鸟一样，翅膀彻底消失了。鸵鸟残余的翅膀仍有用处，一是向其他鸵鸟展示，二是帮助自己在奔跑中掌控方向和保持平衡。第二点在快速奔跑时尤其有必要，而鸵鸟确实跑得很快。

也有人认为，鸵鸟的翅膀或许是在需要减速时用的——就像有的飞机在结冰或短小的跑道上降落时要放出一个降落伞。美洲鸵（Rhea）是鸵鸟在南美洲的亲戚（达尔文直接将它们称作鸵鸟），它们的翅膀占身体比例较大，但仍远远不足以让它们起飞。美洲鸵和鸵鸟的另一个亲戚是澳大利亚的鸸鹋，还有新西兰已经灭绝的恐鸟。它们都属于平胸鸟（ratite），几维也是。

直到 200 万年前才在南美洲灭绝的"骇鸟"（terror bird）和它们的亲戚都不是平胸鸟。而且不同于平胸鸟，它们是凶猛的肉食者，"骇鸟"二字名副其实。最大的骇鸟站立时有 3 米高。平胸鸟大多食素，脑袋小，颈细长。而包含了好几个物种的骇鸟都是脑袋大，脖子粗。我不禁猜想，它们会不会像其他鸟类一样，将大型猎物整个吞下？或许连水豚都能一口吞呢。水豚是一种巨型豚鼠，但你可不要被"豚鼠"二字误导，低估了水豚的体形，进而低估骇鸟的体形。

# 第 3 章
## 既然飞行这么好，为什么有些动物失去了翅膀？

我要立即向你解释，一只成年水豚可以长到 1 米长。这种豚鼠和一只发育成熟的绵羊一样大。有人见过鸥鸟一口吞下兔子，它们还会吞下附近同一个鸥群巢穴里的雏鸟。南美洲有过一种体形超过水豚的巨型豚鼠，有河马那么大，现在也灭绝了。虽然与骇鸟同属一个时代，但是以它们的体形来讲，想必不怕骇鸟——至少不会被骇鸟一口吞了！那么一只绵羊大的水豚呢？以骇鸟的身高望看它们，是不是有点像鸥鸟望向一只兔子（见图 3.5）？

鲸头鹳是非洲的一种濒危动物，相貌极丑，它不是骇鸟的近亲，体形也小到（刚刚）能够飞起。但是它的外表及进食习惯却能使我们大概体会即将被整个吞下是什么感觉（见图 3.6）。

新西兰的恐鸟和硕大的骇鸟身高相当，比鸵鸟大多了。大部分平胸鸟（以及骇鸟）的翅膀已经够小了，但恐鸟更进一步，干脆没有翅膀了。即便是鲸都没有决绝到完全放弃四肢的地步：它们的后腿萎缩了，但体内还是留了一点腿骨。而恐鸟的翅骨却完全消失了。可悲的是，后来它们被登岛的毛利人灭绝了。这件事距今才短短 600 年左右，但是当我的新西兰朋友为了逗我开心，在酒馆里说他听见恐鸟在南岛的灌木丛中对同类低嚎时，他肯定还是弄错了。

毛利人大约 700 年前到达新西兰，这和澳大利亚原住民在 5 万年前到达澳大利亚相比，近得就像发生在昨天。关于澳大利亚原住民是否造成当地许多有袋类动物的灭绝，这一问题还有争议。澳大

图 3.5 骇鸟会一口吞下猎物吗?

  闪避的水豚正面临被高耸的骇鸟吞食的危险。为了对比例有个概念,你可以将水豚看作巨型豚鼠,体形和一只绵羊相当。骇鸟如今已经灭绝(听到这个你或许很高兴),水豚仍栖息在我们身边(听到这个你或许同样高兴)。

图 3.6 试想一下，你迎面遇见了 3 米高的它

鲸头鹳的体形还不足以将你吞下，但是它凶恶的眼神多少还是能让你体会遭遇一只骇鸟会是什么感觉。

利亚也曾有过不会飞的巨大鸟类，比如牛顿巨鸟（Genyornis），它高 2 米，像一只发育过度的鹅。这些澳大利亚"雷鸟"和平胸鸟关系不近，和骇鸟也离得很远。在现存鸟类中，和骇鸟血缘最近的是南美洲的叫鹤，它们长着优雅的羽冠和修长的双腿，但站立时身高只有骇鸟的零头。

同样巨大的还有马达加斯加岛上的所谓"象鸟"，这又是一类不会飞的平胸鸟。象鸟有几个种。最大的一种最近被重新命名为"泰坦巨鸟"（Vorombe titan），它站立时有 3 米高。我们来做一番诱人的遐想：水手辛巴达的故事是《一千零一夜》里最生动的传说之一。在辛巴达的一次恐怖冒险中，他在一座海岛上遭遇了一只"巨鹏"（Roc），这种巨鸟用大象喂自己的雏鸟。辛巴达需要飞离海岛，于是趁巨鹏在孵它的巨蛋时，解下头巾缠在了巨鹏的爪子上。

中世纪的威尼斯探险家马可·波罗也提到了巨鹏。他说这种鸟类十分大，能抓起大象飞到高空，然后丢下去摔死（见图 3.7）。有趣的是，他似乎认为巨鹏就来自马达加斯加。马达加斯加不就是我们发现象鸟遗骸的地方？也许巨鹏的传说本就来自旅行者所说的马达加斯加的巨大鸟类，传闻一遍遍重复，夸大了它们体形的同时也漏掉了一个重要事实，一个目击者知道而传言者不知道的事实——这种巨鸟是不会飞的。象鸟的灭绝并不久远，可能是 14 世纪的事，它们很可能也像恐鸟一样是被新来的人类消灭的，人类吃

图 3.7 《一千零一夜》中的巨鹏

　　能抓起大象的巨鹏从来就没有出现过，也不可能出现。但这个传说的源头会不会是旅行家所说的马达加斯加岛上不会飞行的巨大象鸟？

图 3.8 "我珍爱的一样东西"

年轻的大卫·爱登堡用碎壳拼起了一枚象鸟蛋。

掉了象鸟和它们的蛋，并为耕地砍掉森林，摧毁了这种大鸟的栖息地。未来它们似乎仍有一些复活的希望，或许我们能通过从蛋壳上提取的 DNA 做到这一点，马达加斯加岛的海岸上还能找到许多蛋壳碎片。或许恐鸟也能复活呢。那不是很妙吗？顺便提一件令人意外的事：现存的鸟类中与象鸟血缘最近的反倒是最小的平胸鸟——新西兰的几维。

在马达加斯加岛的一片海滩上，大卫·爱登堡付钱给当地人去搜集蛋壳碎片，然后和摄制组的同事用胶带把它们粘起来，重建了一只近乎完整的象鸟蛋（见图 3.8）。这只巨蛋的容量大约是你早餐时吃的鸡蛋的 150 倍。这足够为一个连的士兵供应早餐了。象鸟的蛋壳非常厚，约等于轿车前面的强化玻璃。用这样一枚鸟蛋来给士兵做早餐，你非要一把斧子才能破开蛋壳。我们不禁要问雏鸟是怎么钻出来的。

☞ **顺便说一句**，这个例子再次说明演化就像人类经济，是充满权衡、充满妥协的。就蛋壳来说，它们长得越厚，就越不容易被天敌打破，或在孵化时被父母的体重压碎。但是同样的道理，蛋壳越厚，雏鸟就越不容易在孵化时破壳而出。而且它们越厚，就要投入越多像钙这样的宝贵资源。演化理论家很喜欢谈论"选择压力"（selection pressure）之间的权衡。不同的选择压力会持续将演化中的物种推向不同的方向，最后的结果是各个方向的折中。在漫长的演化中，来自天敌的自然选择会形成一股压力迫使蛋壳变厚。但与此同时，又有一股相反的压力在迫使蛋壳变薄，因为又厚又硬的蛋壳会使一些雏鸟困死在里面。那些最不容易被困的雏鸟遗传了产生较薄蛋壳的基因。但另一方面，这些基因造出的蛋壳又会被天敌轻易攻破。就蛋壳的厚薄而言，有些雏鸟死于其中一种原因，有些死于相反的另一种。随着雏鸟一代代繁殖，普通的鸟蛋形成了适中的厚度，这是两股相反的压力折中的结果。

对会飞的鸟来说，另一股压力来自身体要保持轻盈的需求。飞鸟挖空心思减轻体重，它们的骨头是空心的，浑身还有 9 个气囊。如果鸟蛋太重，这些举措带来的好处就会被大大抵消。这显然也是鸟类一次只携带一枚成熟鸟蛋的原因。一窝鸟蛋或许有很多只，但鸟妈妈要等到产下最后一只才开始孵蛋，这样所有雏鸟才能同时出壳。有些猛禽还另外表现出一种相当残忍的妥协：鸟妈妈准备抚养的雏鸟不多，产下的鸟蛋却不少。如果当年食物特别充裕，它就将孵出的雏鸟全部养大；但如果只是食物分量普普通通的一年，最小的那只雏鸟就得去死，常常还是被哥哥姐姐们杀死。这只最小的雏鸟也可以看作一笔保险费，用来保障较大的幼鸟能够存活。

☞ 哺乳动物通常不是这样。它们没有必须保持轻盈的选择压力，因此母兽常会同时孕育几个胚胎（最高纪录是一种怀三十二胞胎的马达加斯加猬，它看起来有点像刺猬，你不禁要同情分娩的母猬）。但蝙蝠就是例外，它们通常一胎只有一个幼崽，这和我们刚刚看到的鸟类属于同样的原因。人类也是例外，但人类是出于另外一个原因。我们一胎生得不多，这多半还是因为我们硕大的脑部。无论我们为什么会有这么大的脑（这无疑是一件好事），它都使分娩变得格外困难和痛苦。在现代医学诞生之前，有极高比例的妇女在分娩中死去，主要原因就是婴儿的大脑袋。我们又一次看到了演化的折中：为了减少母亲的危险，人类婴儿必须在较早的发育阶段就出生，但这个时间又不能太早，不然就会威胁到他们自己的生存。虽然出生早，但婴儿的脑袋还是太大，让母亲很不舒服，双胞胎或者多胞胎会加重这个问题。由于被迫提前出生，人类婴儿和其他大型哺乳动物的幼崽相比格外依赖父母。我们要长到一岁左右才会行走，而牛羚宝宝出生一天就会了。牛羚也是一胎只生一个，因为小牛羚一出子宫就必须会走，甚至会跑。要是一胎生好几个，单个小牛羚就会太小，跟不上迁徙的兽群了。

人类科技也体现了大量作用于不同方向的压力。在这里，压力的作用时间不像演化那样漫长，它们只作用于绘图板上新旧设计交替的那点时间。飞机要造得越轻越好，就像飞鸟一样。但它们同时又要足够坚固，就像鸟蛋一样。这两个目标是不相容的，我们必须找到折中的平衡点，就像我们前面看到的那样。航空旅行可以比现在更安全，但付出的代价不单有资金，还有各种麻烦和拖延，这又是一处必须找到平衡的点。如果将安全看得无限珍贵，安保人员就会将每一个乘客脱光了搜身，将每一个行李箱翻个底朝天。但是大家可以接受的折中方法不会这样严格和极端，我们可以接受一点风险。有一件事可能会让不习惯像经济学家一样思考的理想主义者觉得厌恶，那就是人的生命并不是无限宝贵的，我们会用金钱衡量人命。我们为军用飞机和民航客机制定的不同规章体现了在安全性方面不同的折中结果。对于人类技术和生物演化，经济上的取舍、平衡和折中都是关键，它们也将在本书中多次出现。

为什么蝙蝠是唯一真正会飞的哺乳动物？实际上，蝙蝠构成了哺乳动物相当可观的比例，有大约五分之一的哺乳类物种都是蝙蝠。那么，我们为什么没看见长着翅膀的狮子在空中咆哮而过，并且追逐同样长着翅膀的羚羊？这个问题倒容易回答：因为狮子和羚羊都太大了。那么会飞的老鼠呢？大约有四成的哺乳类物种都是啮齿类。在 5000 万年的演化史中，它们始终在窜来窜去、东啃西啃，但是为什么就没有一种长出翅膀呢？或许是因为蝙蝠已经抢先了一步。如果某种病毒的大流行使蝙蝠灭绝，那么我猜想啮齿类会趁势崛起，它们不仅会成为滑翔者（它们已经有这个本领了），也会成为真正的飞行者。但我们还是不能忘了经济学：长翅膀的成本很高，用翅膀的成本更高，尤其是拍打翅膀的话。它们必须证明自己的效益超过成本。而且就像蚂蚁展示的那样，翅膀还会妨碍行动。如果你像裸鼹鼠（裸鼹鼠是可爱而丑陋的掘穴动物，结成社会群体生活，有一位繁殖力超强的"王后"，有点像蚂蚁或白蚁）一样生活在地下，翅膀绝对会是一个障碍。

# 第 3 章
## 既然飞行这么好，为什么有些动物失去了翅膀？

接着我们就要罗列动物克服重力，离开地面的种种手段了。其中最容易、最不费力的一种，或许也是最简单的：你可以和神话中的巨鹏或者真实的鸵鸟、骇鸟相反，走向另一个极端：不要变得太大，做个小个头。

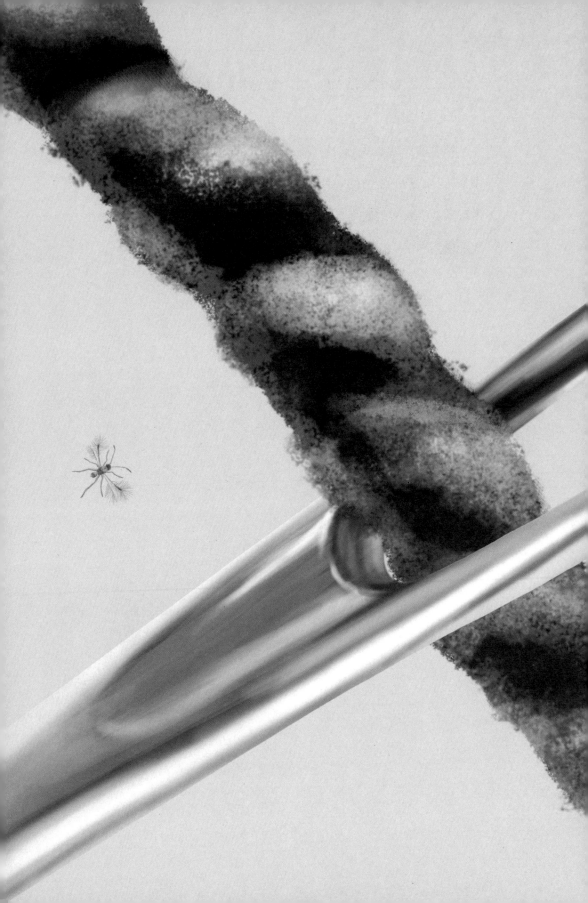

第 4 章

# 个头越小越容易飞

## FLYING IS EASY
## IF YOU ARE SMALL

柯亭立精灵不是真的，真可惜。说可惜是因为，它的体形不像布拉克或珀伽索斯这些虚构的小人，后者确实能够轻易起飞。你长得越大，飞起来就越难。如果你小得像一粒花粉或一只小虫，你就不必在起飞上多花力气，只要一阵轻风就能飘上天了。而如果你的体形有一匹马那么大，飞行就成了一件重任，如果你还飞得起来的话。为什么体形这么重要？原因很有意思。接着我们要来做一点数学运算。

如果你将任何东西的尺寸加倍（比如长度加倍，宽度高度也跟着增加），你可能以为它的体积和重量也会加倍。但实际上，它的重量会增加到原来的 8 倍（$2 \times 2 \times 2$）。这一点适用于任何你想放大的对象，包括人、鸟、蝙蝠、飞机、昆虫和马匹，但它在儿童积木上体现得最为明确。我们取一块方形积木。然后再多取几块，堆成和原来形状相同但大了一倍的大方块。这个大方块用到了几块积木？ 8 块。也就是说，两倍大的积木方块，重量是单块积木的 8 倍。再堆一个比原来大 3 倍大的方块，你会发现需要 27 块积木：3×3×3，也就是 3 的立方。如果你还想堆一个边长为 10 块积木的大方块，你很可能会发现积木不够用了，因为 10 的立方（1000）是一个很大的数字。

取任何一个对象，把它的边长放大若干倍，放大后物体的体积总会是边长放大倍数的立方，也就是倍数和自己相乘两次。（它的重量也会放大为倍数的立方，这重量显然会影响飞行。）这个运算不单对积木有效，也适用于任何你想放大的对象。而且虽然物体的重量会增加原来的立方倍，它的表面积却只会增加原来的平方倍（见图 4.1）。计算一下涂满一块积木所需的颜料，再将积木的长宽 2 都放大为两倍。现在涂满这块大积木需要多少颜料？不是原来的 2 倍，也不是 8 倍。你需要的是原来颜料的 4 倍。再将积木堆的边长放大 10 倍，使它的每一条边都有 10 块积木，我们已经知道它的重量会变成原来的 1000 倍，使用的木料也是原来的 1000 倍。但是要将它们涂满，消耗的颜料只有原来的 100 倍。因此，你的体积越小，你的表面积相对于你的重量就越大。我们下一章还会再说说表面积，以及它为什么重要。这里只要知道较大的表面能兜住空气就行了。

接着说本书开头的畅想，我们来把天使看作一个长了翅膀的人、一个放大了的精灵。在绘画中，大天使加百列常被描绘成身高与正常人类相仿，大概 1.7 米的样子，是柯亭立精灵的 10 倍左右。因此，加百列的体重不是精灵的 10 倍，而是精灵的 100 倍。你想想：要多么用力地扑腾，他的翅膀才能将这么一个天使托到空中。而那对放大的翅膀不会变成原来的 1000 倍大，它们的表面积只会增加到原来的 100 倍。

如果你去过佛罗伦萨的乌菲兹美术馆，你一定见过莱奥纳

图 4.1　小物体有相对较大的表面积

如果你将一个东西放大，它的体积(连同重量)会比表面积增得更多。这一点在积木上体现得最为明确，但其他东西也是一样，包括动物。

# 第4章
## 个头越小越容易飞

多·达·芬奇的那幅令人心醉的杰作《天使报喜》。画中描绘了天使加百列，他的一对翅膀竟那样的小。这对翅膀连托起一个儿童都费劲，更别说达·芬奇笔下这个成人大小（虽然相貌像个女人）的加百列了。甚至有人认为，达·芬奇最初画的翅膀比这更小，是后来的一位艺术家把它们放大了。照我看放得还不够大，远远不够。我们对画作进行了复制和修改，使那对翅膀能与它的用途更加相称。可惜这又破坏了画面的美感——这么说还是轻的，那对翅膀都快伸到画框外头去了（见图4.2）。

在达·芬奇的这幅《天使报喜》中，那对翅膀的根部画得非常别扭，远比不上这幅精美杰作的其他部分，仿佛画家自己都为它们的荒谬感到难堪。这位解剖学大师或许也曾想过，那些天使要把必不可少的飞行肌还有飞行肌附着的胸骨藏在哪里。要是他如实画出那块必不可少的龙骨突，它就会一直向前伸到圣母玛利亚坐的地方。还有飞马珀伽索斯，它是一匹马，它的身子更沉，因此也需要一块更厚的龙骨突。布拉克的龙骨突也是如此，这可怜的东西要想走路，它的龙骨突就会撞到地上。看看蜂鸟那相对硕大的龙骨突吧，蜂鸟是最小的鸟类之一，也是充满活力的飞行者（见图4.3）。想想珀伽索斯要飞起来，它的龙骨突得大到什么程度。蝙蝠倒没有鸟类那样的龙骨突，但是为了飞到空中，它们的胸骨也增大增强了。

达·芬奇笔下的加百列的翅膀显然太小了。可是如果人这样大小的动物想要飞到空中，我们又该如何计算它的翅膀应该有多大呢？比较简单的做法是像波音或空中客车的设计师那样，运用固定翼飞机的数学公式。说起来简单，其实要做到也很难。而且生物随时会调节翅膀的形状。更何况生物扇动翅膀的模式相当复杂，由此造成的空气涡流会使计算更加困难。也许最简单的做法是放弃理论

图 4.2 达·芬奇有没有想过，加百列的翅膀好像太小了？

这是达·芬奇的名作《天使报喜》，我把加百列的翅膀改大了些，使他能飞起来。可即便是这样，他又在哪里安放那两块用以挥动翅膀的硕大胸肌，还有供胸肌附着的"龙骨突"呢？达·芬奇精通人体结构，他不可能没想到这个问题。

运算，转而在周围的世界寻找一只和人一样大的飞鸟。

今天最大的那些鸟类都不会飞，就像鸵鸟。但是有那么几种已经灭绝的巨鸟是会飞的，它们的体重和人类大致相当。伪齿鸟（*Pelagornis*）是一种巨型海鸟。它很可能像信天翁一般栖息和飞翔，它的翅膀也像信天翁般纤细，但长度是信天翁的 2 倍。与信天翁不

图 4.3 微小的蜂鸟，硕大的龙骨突

这样微小的一只鸟儿，它那作为"龙骨突"的胸骨却如此庞大。不大也不行，因为胸骨要支撑昂贵的飞行肌。

同的是，它有牙齿——好吧，那并不是真的牙齿，而是喙里的一排长钉，它们看起来像牙齿，也能像牙齿一样工作，很可能是用来钉牢鱼类，防止它们逃脱的。我们将在后文中看到，信天翁借助一种特殊而狡猾的手段，利用风的切变来获取大部分升力，伪齿鸟想必也能做到。它的翼展大约有 6 米。

有一种鸟比伪齿鸟更大，至少比伪齿鸟更沉，翼展倒差不多，它就是 *Argentavis magnificens*，这个拉丁学名的恰当翻译是"阿根廷巨鹰"。它多半和今天的安第斯神鹫是亲戚，后者也是一种壮观的大鸟（唉，也濒危了），但阿根廷巨鹰的体形要大得多。它大概 80 千克重，约等于一名体格健壮的男子，但它的大部分体重肯定都长在翅膀上。它的翅膀远不如信天翁或伪齿鸟般细长，而更加接近神鹫的方形翅膀。它的翅膀面积远大过信天翁，因为它们要托起一只体重是信天翁 10 倍的巨鸟。据估计阿根廷巨鹰的翅膀有 8 平方米左右，大小和现代的运动降落伞差不多。我们可以合理地推测，阿根廷巨鹰像今天的安第斯神鹫和兀鹫那样，它主要靠上升气流滑翔和飞升，偶尔才拍拍翅膀（见图 4.4）。

史上最大的飞行动物大概是风神翼龙（*Quetzalcoatlus*），它不是鸟，而是一种翼龙。翼龙是一大类会飞的爬行类动物的统称，常被称作"翼手龙"（*Pterodactyloidea*），虽然严格来说，翼手龙只是翼龙的一种，体形比风神翼龙小得多。而且需要注意的是，翼龙

图 4.4　历史上最大的飞鸟

已经灭绝的伪齿鸟( 上 )和阿根廷神鹰( 中 )与一个跳伞者( 下 )的对比。

并不是恐龙，不过两者有亲缘关系，并且都在白垩纪末期的大灭绝中消失了。

　　风神翼龙大得叫人难以置信。它的翼展有 10 至 11 米，相当于一架单翼机或一架赛斯纳飞机。它比包括阿根廷神鹰在内的任何鸟类都大，站起来能与一头长颈鹿对视。它多半也是能站起来的，站立时后足和前面的指关节着地，并收起翅膀。但因为骨头是空心的（会飞的脊椎动物都是如此），风神翼龙的体重只有长颈鹿的四分之一。和所有巨鸟一样，它在空中的大部分时间都在滑翔，又或许它只会滑翔。一旦升到空中，它多半可以停留很长时间，并以高速飞很远的距离。风神翼龙把凭借肌肉飞行的体形推到了极限。我猜想它喜欢从高处跃下滑翔，如果它需要从地面起飞，一定会相当费力。它或许会用强有力的前肢"撑竿跳"似的跃入空中。你可能要问，一种会飞的动物是怎么用这么长一根脖子撑起这么大一颗脑袋的呢？最新研究显示，风神翼龙的颈椎骨大多是空心的（为了减轻体重），但其内部又有一圈强化用的支架从中心向外辐射，就像自行车的轮辐，而中间的轮毂里就包含了脊髓神经（见图 4.5）。

　　我们不知道这些身材巨大、披着硬皮的古代飞行员能否挥动翅膀，还是它们只会翱翔和滑翔。这是一个重要的区分，我们在后面的章节还会回来讨论。

　　☞ **顺便说一句**，体形越大就越难做到的事，不止飞行一

图 4.5　风神翼龙很可能是史上最大的飞行动物

　　它当然从来没遇见过长颈鹿，这两种动物相隔了大约 7000 万年。但是如果相遇，它们是能平视对方的眼睛的。你能想象一只长颈鹿飞上天吗？

件，行走也是如此，就连简单的站立都是。童话里常把巨人描绘成体形正常、相貌丑陋的男人，只是个头长了几倍。如果有一个约91米高的怪物，骨骼像正常人类，只是按比例放大了，那么他一定会被自身的体重压垮。因为他不是比一个约1.8米高的男人重5倍，而是重125倍。要想避免浑身剧痛、骨折瘫痪的下场，这个巨人的骨骼和正常人类相比就要粗壮得不成样子才行。它们的骨骼要像大象和大型恐龙的一样，粗得仿佛树干，粗到和它们的长度完全不成比例。

体形是动物在演化中最容易改变的东西，无论变大还是变小。我们在讨论毛里求斯的渡渡鸟时说过，迁徙到一座岛屿上的动物往往会演化得越来越大，即所谓"岛屿巨型化"（island gigantism）。但令人费解的是，如果条件变化，迁徙到岛屿上的动物也会演化得越来越小，即所谓"岛屿侏儒化"（island dwarfism），比如曾经栖息在克里特岛、西西里岛和马耳他岛上高仅1米的微型大象——它们一定是迷人的动物。岛屿效应（Foster's Rule）指出，原先较小的动物在登上岛屿之后会变大，而原先较大的动物会变小。我不确定我们对这个法则理解到什么程度。有人举出一个理由，说被捕猎的动物（一般较小）变大是因为岛上没有捕食者。而大型动物变小则是因为岛上空间太小，限制了它们能够获

# 第4章
## 个头越小越容易飞

取的食物。

但读到这里你已经知道，体形的演化绝不是简单的放大或者缩小。身体的比例也必须跟着变化，原因就是我们前面用玩具积木演示的数学定理。体形一变，动物的整个形态也必须变化。演化得更小的动物会变得更加细长，更像蜘蛛。演化得更大的动物必须长出更加粗壮，如同树干的四肢。当绝对体形改变，动物身上的所有比例都要跟着改变，不单骨骼如此，我们将在下一章中看到，它的心、肝、肺、肠和其他器官都要改变。一切都是因为我们在本章开头讲到的数学原理。

回到本章标题，如果你的体形娇小得如同一个精灵或是一只小虫，要飞起来就很容易。像蜘蛛的细丝、蓟花的冠毛，只要一缕微风就能将你送入空中。如果你还需要翅膀，它们或许不是用来离开地面，而是用来改变方向的。

柯亭立精灵的翅膀可以长得很小，挥动时肌肉也无须太过

用力。《彼得潘》里的精灵叫作"小叮当"（Tinkerbell）。有趣的是，会飞的最小昆虫是缨小蜂（Fairyfly），缨小蜂科下有一个物种，拉丁学名就叫 *Tinkerbella nana*（柄翅卵蜂，"nana"是《彼得潘》中达林家孩子的牧羊犬保姆的名字）。柄翅卵蜂有着薄纱似的"羽毛"，那严格来说也是翅膀，只是这小虫多半把它们当作船桨在空气中"划动"，而不是靠这对翅膀获得大量升力。缨小蜂科中的其他物种的翅膀就比较接近普通翅膀了。缨小蜂是现在已知的最小的飞行动物，这么小的昆虫浮在空中是毫无问题的。相反，它们降到地面倒要费一番力气（见图 4.6）。

个头小是不错的。但出于某种原因，要是你必须长成一个大个子，同时又仍需要飞行呢？变大有许多很好的理由，虽然变大的经济成本很高：体形小的动物容易被吃掉，它们也抓不到大的猎物。你如果是个大块头，就比较容易吓退同一个物种的竞争对手，或许还能从它们手里抢到配偶。如果出于某种原因，你不能再当小个子，却仍需要飞行，你就得另外找个法子离开地面了。这就是下一章的主题。

第 4 章
## 个头越小越容易飞

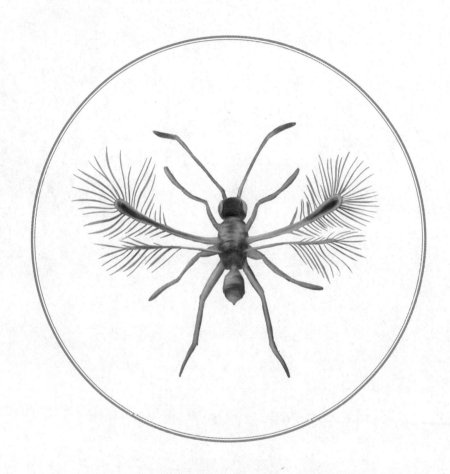

图 4.6  柄翅卵蜂

本章开头的插图是这种小飞虫穿过针眼的画面。它的翼展大约是 0.25 毫米。

# 如果体积又大又想飞，那么就把自己的表面积扩张到不成比例吧

# IF YOU MUST BE LARGE AND FLY, INCREASE YOUR SURFACE AREA OUT OF PROPORTION

**鼯鼠**

      鼯鼠的英文名叫"大飞鼠"（flying squirrel），其实更恰当的名字是"滑翔鼠"或"跳伞鼠"。这种动物的四肢间会撑开一片名叫"翼膜"（patagium）的皮肤，这增加了它们的表面积，让它们能在树木间安全地滑翔。

前一章讲到，体形较小的动物会自动获得与体重相比较大的表面积。这也是它们更容易飞行的原因。为了说明这一点，我们用儿童积木稍微做了一点数学运算。我们用涂满某个物体耗费的颜料或是覆盖一个物体所需的布料来衡量这个物体的表面积。如果天使的形态和小精灵相同，但身高是后者的 10 倍，那么天使全身皮肤的面积就会是精灵的 10 倍的平方，即 100 倍，而它的体重会是精灵的 1000 倍。

　　表面积和飞行又有什么关系呢？关系就是表面积越大，能兜住空气的面积就越大。拿两只相同的气球，给其中一只吹气，使它有较大的表面积；而另一只不吹，让它继续当一小团软软的橡胶。将两只气球同时从比萨斜塔上扔下，哪一只会先落地？是没有吹气的那只，虽然它并不比吹了气的那只重（其实还要更轻一些）。

当然了，你要是在真空中将它们扔下，它们会同时落地（其实在真空中，吹了气的那只会爆炸，但你懂我的意思）。我们现在觉得这是理所当然，然而在伽利略之前，每个人听到这个信息都会吃惊。伽利略证明了只要抽干空气，一片羽毛会和一枚炮弹会同时落地。

我们这一章的问题是，有一种动物如果出于某种原因需要变大，但同时还要会飞，它应该怎么办？它应该将表面积扩大到不成比例的地步，以此抵消体重的增加：比如长出羽毛似的突起物（如果它是鸟），或者薄薄的皮膜（如果它是蝙蝠或者翼龙）。无论构成你身体的材料（也就是你的体积或体重）有多少，只要能将这些体积中的一部分铺成一个大平面，你就向起飞迈出了一步。至少你可以像跳伞般轻轻降落，或是在微风中飘浮了。这就是为什么达·芬奇笔下的天使经我们改动之后会有这样巨大的翅膀。工程师用数学表达了这个观点，他们的术语叫"翼载荷"（wing loading）。一架飞机的翼载荷等于它的重量除以它的机翼面积。翼载荷越大，飞机在空中停留就越难。

一架飞机（或一只鸟）飞得越快，每平方厘米机翼就能拥有更多升力。重量一定时，飞得较快的飞机可以凭借较小的机翼面积留在空中。这就是为什么慢速飞机往往拥有比快速飞机更大的机翼面积。在实现如今的高速飞行之前，早期的飞机通常都是双翼的。那样可以有双倍的机翼面积，但同时阻力也会增加（见图 5.1）。同样的道理，我们有时还会见到三翼飞机。

☞ **顺便说一句**，即使将飞行的话题暂时放到一边，对一般生物的身体来说，表面积和体积的关系也是非常重要的，值得说两句有趣的题外话。就像翅膀能扩大体外的表面积，这种扩大有利于飞行，许多器官也会扩大体内的表面积，从而和体形的增加保持同步，肺就是一个例子。

图 5.1　一架双翼飞机

速度较慢的飞机需要较大的机翼面积来托起自身重量。如今，双翼飞机比以前少多了，有些双翼飞机飞得很慢。

动物的体积或体重是衡量其细胞数量的良好指标。大型动物并没有拥有更大的细胞，而是有更多的细胞。其中的每一个细胞，无论它属于大象还是老鼠，都需要得到氧气和其他关键物质的滋养。一只跳蚤的细胞数比一只大象少，并且每一个细胞都离空气不远，氧气不需要多么深入就能被这些细胞吸收。一个成年人有大约 30 万亿个细胞，其中只有很小一部分是与空气接触的皮肤细胞。虽然人的表面积要远大于跳蚤，但我们的细胞只有一小部分处在外表面。为了弥补缺乏外表面的不足，我们这些大型动物长出了巨大的内表面来接触空气，这就是肺的由来。你的肺里有一套精巧复杂的系统，有许多层级的分支，一直精细到被称为"肺泡"的最小的腔室。你的肺部有大约 5 亿个肺泡，如果全部展开，它们表面积的总和相当于大半个网球场。这块内表面全都可以接触空气，并有丰富的血管供养。就连昆虫也是这样，它们虽然体形小得多，但是也会扩大和空气接触的表面积。它们靠的是一套在体内分叉的空气管道系统，就叫"气管"（tracheae）。昆虫的整个身体都仿佛是一个肺。

我们肺部的血管也是分叉了再分叉，形成一片巨大的体内表面积，用来从肺部收集氧气，并输送到体内的所有细胞，比如肌肉

## 第5章
### 如果体积又大又想飞，那么就把自己的表面积扩张到不成比例吧

细胞就需要缓慢燃烧氧气来驱动。毛细血管构成了一片巨大的内表面，功能同样是收集和输送氧气、供给所有细胞。为了生存，一个普通细胞和最近的毛细血管之间的距离必须小于0.05毫米——也就是小于两三个细胞的直径。毛细血管还会从肠道收集食物中的物质，而肠道本身也构成了一块很大的内表面，展开来也有大半个网球场大。想想在你体内盘绕的漫长肠道，并将它和一条蚯蚓的肠道对比——蚯蚓的肠子是一根直直的管道。你的肾脏还配备了无数微管，这些微管过滤血液，从中析出废物，如果展开，它们也能构成一块巨大的内表面。如果将你体内的血管（主要都是毛细血管）全部拉直，它们能环绕地球3周还多。这么大的表面积全是为了让血液接触细胞。你身体里的许多大型器官，不单是肺和肠道，还有肝脏、肾脏等，其结构都是为了增加血液进入细胞的有效表面积。巧的是，珊瑚礁上的缝隙和断裂、森林里的粗糙树皮和无数叶片，它们都极大增加了生物生存所需的表面积。

从上述几段题外话中可以总结一条原理，那就是本章的标题"如果体积又大又想飞，那么就把自己的表面积扩张到不成比例吧"不单适用于飞行，也适用于呼吸、血液循环、消化、废物处理。总之，一个动物体内的差不多一切活动，还有从外部可以观察到的活动都

适用这条原理。接着再回头说说飞行。

我们刚才已经明白，一只动物的表面积与体重相比越大，它从空中坠落的速度就越慢，它就越容易获得飞行所需的升力。翅膀无论用来拍打还是滑翔都明显会增加动物的表面积。在蝙蝠和翼龙那里，翅膀是一层薄薄的皮膜。而薄的表面需要支撑，像是支撑用的骨骼或类似的东西。演化是很会投机取巧的，它倾向于在现有的基础上调整，而不是发明一样全新的东西。在理论上，你可以想象动物的背上凭空长出翅膀，就像画上的天使，但那意味着还要长出新的骨骼去支撑它们。可不可以征用现有的骨骼来为飞行表面提供支撑呢？我们将会看到，蜥蜴就是这么做的，它们在身体侧面长出用于滑翔的薄膜，并借用肋骨作为支撑。而更老练的飞行者，如蝙蝠、鸟类和翼龙，用的是胳膊，它们的胳膊上已经有了耐用的骨骼和肌肉，改改就能飞了。

蝙蝠和翼龙的飞行皮肤绷在胳膊和同侧的腿之间。翼龙手臂上的骨骼大多短小，只有一根手指长得很大，就是它的第四根"无名指"。"翼手龙"（*Pterodactyloidea*）一词的原意就是"翅膀手指"。翼龙的前半部分翅膀几乎全由这根硕大的手指支撑，它一直延伸到翅膀的尖端。我们人类的手指生得小巧而纤细，用来帮我们完成打字或弹钢琴的技巧。我们很难想象，一根手指竟能长得比整条胳膊还长，并且牢固到可以支撑风神翼龙那样的巨翼，想到这

## 如果体积又大又想飞，那么就把自己的表面积扩张到不成比例吧

个我甚至有些反胃。这告诉我们，利用现有的资源，演化可以到什么程度。我必须说明，翼膜这东西很难形成完整的化石，因此生物学家对它的重构并不完全一致。我们遵循最权威的最新重构，把翼膜画成了连接到脚踝的样子。也有证据指

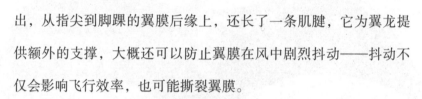

出，从指尖到脚踝的翼膜后缘上，还长了一条肌腱，它为翼龙提供额外的支撑，大概还可以防止翼膜在风中剧烈抖动——抖动不仅会影响飞行效率，也可能撕裂翼膜。

蝙蝠的翼膜会用到全部手指，而不单是第四个。和翼龙一样，蝙蝠也用后肢为翼膜提供额外支撑。为此它们付出了代价，变得很不擅长走路。蝙蝠中走得最好的大概是短尾蝠，它们在新西兰森林的落叶中曳步而行。但是论行走或奔跑，它们仍不是鸟类的对手。我能想象一头翼龙跌跌撞撞地行走，就像一把活动的破伞。

鸟类的做法与此不同。它们的飞行表面不是一片皮肤，而由可以巧妙舒展的羽毛构成。羽毛是自然界的一个奇迹、一件绝妙的装置，它们强韧到能把鸟儿托上天空，又不像骨骼那样死板。羽毛很柔软，同时又足够坚硬，使鸟类不必长太多骨头。有些鸟类，

01

02

03

比如图中这只渡鸦，它们的前肢骨骼只到翅膀长度的一半，翅膀的另一半完全由羽毛组成（见图 5.2）。你可以将它们和蝙蝠或者翼龙对比，后两种动物的骨骼都径直延伸到翼膜的尖端。骨骼是强硬的，却又是沉重的，而如果你是飞行动物，你绝对不想变得沉重。一根空心的管子比一根实心的棒子轻巧得多，在强度上也只是稍有减弱。飞行脊椎动物的骨骼都是空心的，但是因为有横撑加固，它们并不会在飞行中折断。鸟类也利用超轻而坚固的羽毛，将翅膀中的骨骼减到了最少。

罗伯特·胡克 1665 年的著作《显微图谱》（*Micrographia*）是第一本边看显微镜边画出来的图谱，胡克笔下的生物躯体有着复杂细致的结构，令读者大为震惊。其中，羽毛自然也吸引了胡克的注意。他这样写道："我们看到，自然似乎遇到了一个难题，那就是要造出一种特殊物质，它既要轻盈，又要十分坚硬和强韧。"他接着写道："那些非常强壮的身体大多也非常沉重。"因此，如果羽毛是以不

---

◉ 图 5.2　三种把胳膊变成翅膀的方法

　　蝙蝠（01）将手指全部拉长并且张开。翼龙（02）只将一根手指极大地拉长。蝙蝠和翼龙必须把腿也拉进来，提供额外支撑。鸟类（03）则不必，因为鸟类的羽毛本身就很坚固。也是因为这种坚固，它们的上肢骨可以短得惊人（又很节约）。

同于现在这种方式构造而成的话，它就会比现在沉重许多。翅膀上的羽毛之间彼此滑动，使得翅膀能像一把完美的扇子一般，改变形状适应不同的飞行条件。从这一点看，鸟类的翅膀比蝙蝠或翼龙优越，后两种动物要改变翼膜的形状是有代价的：它们的皮肤会下垂，形成松垮的褶皱。一根羽毛上的羽片由数百个羽小支组成，它们和周围的羽小支一起并拢或张开。这种结构能实现胡克的坚固又不失轻盈的理想，但它也有代价：羽毛需要鸟喙不断梳理，使它们保持整洁有序。你只要对一只鸟看上一段时间，就一定能看到它给自己梳理羽毛，尤其是细心地梳理翅膀。一只鸟的生命可以说就取决于此，因为梳理不当的翅膀羽毛会直接导致鸟儿在飞行中表现糟糕，从而无法逃脱天敌，或无法捕到猎物，或无法及时转弯、避免碰撞。

羽毛是爬行类的鳞片经过调整后的产物。它们最初演化出来很可能不是为了飞行，而是为了像哺乳动物的毛发那样隔热保暖。我们再次看到，演化会利用已有的东西。（再举一个例子：雄性沙鸡会长途飞行为雏鸟送水。它们腹部的羽毛经过演化，变得能像海绵一样吸水。它们飞回巢穴后，雏鸟就从这些羽毛上饮水。）后来，松软隔热的羽毛变得更长，中间还长

出了支撑用的羽根，它们坚固又柔软的特性十分

适合飞行。一只鸟的翅膀是由羽毛组成的一整块飞行表面，

相比鸟身上的其他表面，它的面积是很大的。所谓的"初级飞羽"

承担了大部分飞行工作。它们是大片的羽毛，我们的祖先曾把它

们的羽根削尖了当作水笔使用。

最近的研究发现，早在真正的鸟类演化出来之前，它们祖先

的那一支恐龙已经普遍地长出羽毛了。甚至有可能连可怕的霸王

龙都是长羽毛的，这好像使它们的凶相减弱了一些——甚至还有

点可爱了。还有的恐龙长了 4 片羽翅，它们生活在 1.2 亿年前

的白垩纪，比著名的始祖鸟，即公认最早的鸟类要晚。这很有

可能，像图中的小盗龙这样的生物会拍打翅膀飞行，而不单是

滑翔（见图 5.3）。

因为羽毛已经很硬，翅膀在前肢以外不再需要骨骼支撑，

于是前肢的骨骼就可以得到精简，不必延伸到翅尖的长度。

与此同时，有着巧妙弧线的羽毛又很容易弯曲，在翅膀抬

起和落下时都能很好地工作。更好的是，后肢不必参与

进来使翅膀硬化了。这意味着鸟类不同于蝙蝠和翼龙，

能够很好地行走、奔跑和（对小鸟来说）跳跃。

与笨拙蹒跚的翼龙或蝙蝠相比，这是一项

巨大的优势。

图 5.3 长 4 片翅膀的恐龙

鸟类本来也能采用这种设计，但它们并没有。

## 第 5 章
## 如果体积又大又想飞，那么就把自己的表面积扩张到不成比例吧

昆虫也有这个优势。它们的 6 条腿不必参与飞行，全都可以自由地用来行走和奔跑。虎甲能飞，比如它会在逃避蜥蜴的时候起飞，但是在捕食蜘蛛或蚂蚁等猎物时，它主要还是靠行走和奔跑。捕猎的时候，它每秒能跑 2.5 米，约等于每秒跑出 125 个自身体长。我们不能简单地把这个速度换算到人类身上，但你要是想算着玩玩也请便。看看虎甲那几条华丽而健壮的长腿吧（见图 5.4）。

昆虫的翅膀上没有特别的杆子撑住它们，不像飞行脊椎动物的翅膀有骨骼强化。昆虫的骨骼都是外骨骼，昆虫身体最外层的部分就是它的骨骼。翅膀是胸部的外骨骼的派生物，因此天然就很坚硬，

图 5.4 虎甲

虎甲是昆虫世界的短跑冠军，但它也会飞行。

足以托起一只小飞行动物的重量。

　　这一章的重点是，相对于动物整体的大小来说，翅膀的表面积是很大的，要想获得升力飞入空中也必须有这么大的表面积。希腊神话里众神的信使赫尔墨斯（就是罗马神话的墨丘利）穿着一双带翅膀的凉鞋，但那对翅膀实在太小。图 5.5 是维多利亚时代一部飞行器的样图，它注定失败却不失迷人，那几只小巧的螺旋桨和赫尔墨斯鞋子上的翅膀一样滑稽可笑。

➲ 图 5.5　如果飞行这么简单该多好？

　　注定是幻想的维多利亚时代设计的飞行器飞越马太·阿诺德笔下的"甜美的城市和它沉睡的塔尖"。牛津城这个"注定失败之事和被遗弃的信仰的家园"真是合适的背景。

第 6 章

# 无动力飞行：跳伞和滑翔

# UNPOWERED FLIGHT:
# PARACHUTING AND GLIDING

无论你有多重，只要你的表面积够大，你就能克服重力，轻盈并安全地飘落到地面。我们就是这么使用降落伞的。这一章将会考察跳伞和滑翔，它们利用的是表面积的延伸，其中可能包含翅膀。不过我们先来说说算不上真正翅膀的那些表面延伸。

　　我们已经看到，娇小的动物天然地拥有相对于自身体重较大的表面积，它们不用特地制造降落伞也能安全地飘落到地面。松鼠还没小到这个程度。它们仍需要借助一点增加的表面积。松鼠是熟练而迅捷的攀爬者，它们加速攀爬的手段是从一根树枝跳到附近的另一根树枝上。长而松软的尾巴增加了它们的表面积，使它们能跳到较远处的一根树枝上，要是没有这条松软的尾巴，它们能安全到达的距离就会缩短一些。那并不是真正的飞行表面，不像翅膀，但任何一点帮助都是好的，松鼠也够小，一条浓密的尾巴足以充当兜住空气的表面。

第 6 章
**无动力飞行：跳伞和滑翔**

有一些松鼠擅长飞行，这种松鼠就是鼯鼠（或者叫"大飞鼠"，但其实更应该称作"滑翔鼠"）。它们进一步扩张自身的表面积，演化出了一层蹼状的皮肤，从前肢延伸到后肢，相当于一顶降落伞。这层皮肤叫"翼膜"（patagium，来自拉丁语，原指罗马妇女所穿的短上衣的边缘）。鼯鼠不仅能在树枝间跳跃，还会伸出四肢，张开降落伞，从一棵树上跃下，轻轻滑翔到可能在 20 米开外的另一棵树上。同我们跳伞时一样，它们也是向下飘移的，但这种向下的飘移舒缓而安全，径直将它们送往森林中的另一棵树上。它们一般会从一棵树的高处起跳，滑翔到另一棵树接近树根的部分。

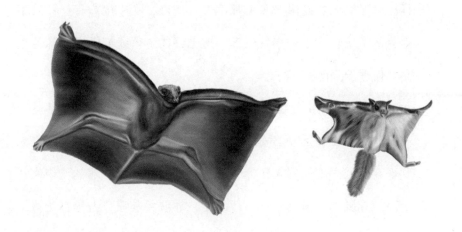

图 6.1　两种独立演化的活降落伞
左边是鼯猴（也叫"飞狐猴"）右边是鼯鼠。

东南亚和菲律宾群岛的森林里有一种动物将滑翔的理念又推进了一些，那就是鼯猴。鼯猴又叫"飞狐猴"，但其实它们不是狐猴（真正的狐猴都生活在马达加斯加岛）。鼯猴不属于灵长类（灵长类是一类哺乳动物，狐猴、猴子和我们人类都是其中的成员），但和灵长类有亲缘关系。和鼯鼠一样，它们也演化出了翼膜。但那层翼膜不单从胳膊延伸至腿，还将尾巴也包括进去了。可以说，鼯猴的整个身体就是一顶大大的降落伞。鼯猴的翼膜面积大于鼯鼠，能滑翔 100 米远。这层翼膜同样不是真正的翅膀，不能像蝙蝠或鸟类的翅膀一样挥动起来。但通过调节四肢，鼯猴仍能控制滑翔的方向，就像娴熟的跳伞者能通过拉扯绳子控制伞的方向一样。虽然大多数鼯鼠的翼膜都不包含尾巴，在中国却有一种巨型鼯鼠的翼膜包含了一小段尾巴。这也许能告诉我们鼯猴的降落伞是如何逐步演化出来的。

鼯猴和鼯鼠是分别演化出翼膜的——这就是所谓"趋同演化"（见图 6.1）。它们并不是唯一会趋同演化的森林哺乳动物。澳大利亚在恐龙灭绝后的大部分时间一直与外界隔绝，哺乳动物代替了恐龙在陆地上扮演主角。巧的是，在澳大利亚，占领恐龙留下的空缺的哺乳动物都是有袋类（再加上几种会产卵的哺乳动物，它们是鸭嘴兽和针鼹的祖先）。当世界其他地方演化出我们熟悉的哺乳动物时，澳大利亚和新几内亚岛也演化出了种类繁多的有

## 无动力飞行：跳伞和滑翔

袋类，比如有袋的"狼"、有袋的"狮"和有袋的"鼠"。这里的引号表示它们是独立演化出来的"狼"、"狮"和"鼠"，与世界上其他地方称呼的狼、狮和鼠不是同类。此外还有有袋的"鼹鼠"、有袋的"兔子"，以及想必你已经猜到的，有袋的"鼯鼠"。这些澳大利亚的有袋类滑翔动物称为"袋鼯"。我要补充一句，有许多动物学方面的理由都支持把新几内亚岛这个与澳大利亚相邻的大岛看作澳大利亚的一部分，我们正在讨论的主题也是其理由之一。在新几内亚岛的有袋类动物中有它自己的袋鼠，它也有自己的有袋类滑翔动物，形态与澳大利亚的相似。

有袋类滑翔动物有几个物种。它们和鼯鼠有一个共同点：它们的翼膜都是从胳膊延伸到腿，而不像鼯猴那样包含了尾巴。其中最接近鼯鼠的是蜜袋鼯，在澳大利亚和新几内亚岛都有。它能滑翔到约 50 米外的树上。虽然它看起来像鼯鼠的双胞胎兄弟，但其实两者除了都是哺乳动物，彼此的关系远得不能再远。这种趋同演化绝妙地演示了自然选择的力量。对于在森林中栖息的哺乳动物，翼膜是一个好东西，于是啮齿类和有袋类，还有鼯猴分别演化出了翼膜。事情到这里还不算完。即便是在啮齿类内部也曾独立地演化过两次翼膜，一次是在松鼠科，另一次是在非洲啮齿类动物中的一科，即所谓"鳞尾鼯鼠科"。这一科无论外形还是滑翔的样子，都很像美洲和亚洲森林中的鼯鼠，以及澳大利亚的有袋类滑翔动物，然而它们的翼膜是独立演化出来的。

森林中的滑翔动物必须先登到高处，然后才能开始精准下降。在森林里，它们的做法是攀到树上。但此外也有别的法子可以让它们登到足以滑翔的高度，比如爬上悬崖。玩悬挂式滑翔机的人类就喜欢这样（那些人的胆子比我大多了）。许多海鸟也是，它们会拍打翅膀，但一有机会，它们仍喜欢从悬崖上滑翔而下，因为这样费力较少，而且还可以借用悬崖周围的上升气流。雨燕虽然是靠自身力量扑击飞行的能手，却无法单靠自身从地面起飞。当它们偶尔需要降落（为了筑巢）时，它们总会选择一处高地，好从那里滑入天空。大卫·爱登堡的BBC（英国广播公司）摄制组曾到日本拍蓑，它们会排队爬上一处斜坡（一根倾斜的树干），并在那里物色最佳起飞地点。

另外还有一条特别重要的途径可以让鸟类飞到高处，有时是很高的地方，然后向下滑翔，那就是热泡（thermal）。空气遇热会上升，而热泡就是被冷空气包围的垂直上升的热空气柱。热泡出现一般是因为太阳对地面的加热不够均匀。地面有些部分，比如裸露的岩石，会比周围的土地更热。较热地块上方的空气随之升温，并上升成为热泡。冷空气进入热泡底部填补它留下的空缺，然后冷空气也被加热并上升。在热泡顶部空气变冷，从周围降落下来，降到热泡底部并完成对流循环。热泡顶部常会形成一缕缕如棉花般蓬松的积云，那里温度较低，有水珠凝结。我们从很远就能看到这种云朵，它是热泡的显著特征。

就像鼯猴可以爬到一棵树上，然后滑翔至远方另一棵树的根部，兀鹫或别的翱翔型鸟类也能做这一点，不过它们借助的不是树木，而是热泡。一棵树最多几十或上百米高，热泡却能将兀鹫托上数千米的高空。你可以看见它们在非洲大草原的上空盘旋，在空中缓慢爬升，兜着圈子越飞越高。这个盘旋的动作可以帮助它们留在垂直的热泡内部。滑翔机驾驶员也会这么做。已故的科林·彭尼奎克（Colin Pennycuick）教授是研究鸟类飞行的顶尖专家，也是一名滑翔机飞行员，他曾驾驶滑翔机盘旋到高空，在兀鹫、安第斯神鹫和雕中间研究它们。

我从来没试过驾驶滑翔机，还挺想试试的。更激动人心的或许要数悬挂式滑翔机，你可以通过在背带里转移重心，直观地改变方向。对那些富有经验的悬挂式滑翔机飞行员来说，我想那片机翼应该就像他们自己身体的一部分了。也许做一只海鸥就是这个感觉，乘着悬崖旁的上升气流盘旋和翱翔？或是一只雕，从高空中俯瞰稀

---

● 图 6.2 爬得高，滑得远

从一个热泡滑翔到另外一个。（显然不是真实比例。）

树草原，寻找着一个热泡（见图6.2）？甚至一头翼手龙也是如此？
但这东西我应该是不敢尝试的，我肯定不会像某些悬挂式滑翔机爱
好者一样，从陡峭的悬崖一跃而下（见图6.3）。不知道为什么，
我总觉得这比背着降落伞跳出一架飞机还要吓人。当我去游览爱尔
兰西部著名的莫赫悬崖时，我只敢跪在地上爬向崖边，还忍不住想

图 6.3　悬挂式滑翔机

做一只巨型翼龙是不是就是这种感觉？

直接趴下。

我们可以把稀树草原假想成一片间距很大的热泡"森林"。那些由上升气流构成的"树木"比鼯鼠、鼯猴或袋鼯攀爬的真树高了几千米。它们与邻近热泡的间距也比真树远得多。因此，如果说鼯猴能水平滑翔 100 米左右，那么以兀鹫爬升的高度，它就能从一个热泡的顶端出发滑翔好几英里远，或许会一直滑翔到另一个热泡的底部。在那里它可以继续爬升，再滑翔到下一个热泡的底部。听滑翔机飞行员说，热泡是排成"街道"的。只要看准一条街道，从一个热泡滑翔到另外一个，他们就能始终停在空中，在乡野间不停地漫游下去。雕和鹳也是这样利用热泡街道的。

可是它们又怎么知道下一个热泡在哪呢？想必和滑翔机飞行员一样，它们也通过寻找积云，积云下方就是热泡了，或者寻找远处盘旋的飞鸟构成的柱子，又或者根据地形来判断。

当然，沿着街道滑翔至下一个热泡，并不是一只雕想爬升至高处的主要原因。就像第 2 章说的那样，翱翔到高处使它们能在广阔的范围内觅食，并在找到食物时滑翔过去。和许多鸟类一样，雕也具备敏锐的远距离视觉。它们能在几英里开外发现被狮子杀死的猎物，当其他雕成群从热泡向下滑翔，逼近地面的目标时，它们也能看见。在吃饱猎物之后，它们必须带着沉甸甸的身子重新起飞。此时它们别无他法，只能挥动翅膀了。这个动作虽然消耗能量，却能使它们离开地面，到达一个热泡的底部。

海豚与企鹅会在快速游泳时跃出水面。这或许是一个节省体力的招数，因为空气的阻力小于水的阻力（此外也有人指出了别的好处）。许多鱼类也会跃入空中，为了躲避快速游动的猎食者，如金枪鱼。当一整群小鱼这么做时，它们落水的景象和声音都仿佛一场阵雨。还有些鱼类是所谓的飞鱼，它们的跳跃更胜一筹，能把硕大的鱼鳍当翅膀用。它们并不拍打鱼鳍，而是滑翔，有时（在波涛激起的上升气流的协助之下）能惊人地滑翔 200 米，速度达到每小时约 64 千米，在一番高飞冲刺之后再次扎向水面。虽然它们的确不会像鸟类振翅一样拍打鱼鳍，但有的飞鱼跃出水面时会左右滚动身体，这或许能起到和振翅同样的效果。鱼类游泳是靠尾部的迂回动作，而当飞鱼起飞时，最后一个离开水面的部位就是仍在游动的尾巴。在下落过程中，有时飞鱼会设法延长滑翔的时间，它们摇摆尾巴上下面的分叉给自己加速，以便在身体还未完全浸没的状态下再度起飞。

在追杀它们的金枪鱼看来，这些飞鱼仿佛忽然消失了。这个现象称为"全内反射"，意思是从水下观察，捕食者在猎物跃出水面冲入空气之后就看不见它了。猎物消失在了另一个维度（这只是比喻），就好像有人在电脑游戏里按下超空间的按钮。

然而，飞鱼并没有因此逃过一劫：或许它从金枪鱼的世界忽然

第 6 章
## 无动力飞行：跳伞和滑翔

消失了，但它同样忽然出现在了等候用餐的鸟类的世界里，如军舰鸟。军舰鸟能在水面上捕鱼，但它们的许多食物来自盗窃，是从别的飞鸟那里偷来的。在军舰鸟眼里，飞鱼肯定很像值得一偷的飞鸟。抓住飞鱼的技能与在空中打劫海鸥的技能想必没有两样。军舰鸟也确实善于在空中捕捉飞鱼。军舰鸟浑身黑色，常常带着一缕鲜亮的红毛，看上去就像史前翼手龙与魔鬼杂交的产物。无怪乎大卫·爱登堡会说可怜的飞鱼夹在魔鬼和险恶的蓝海之间左右为难（见图 6.4）。

当我和妹妹还小的时候，父亲为我们创作了一段生动的独白来讲述飞鱼的苦，里面的词语全以 F 开头："距离法罗群岛辽阔寒冷的岸线整整四十弗隆，有五十五条飞鱼为自由狂热地出走，它们的上空是四十五只凶残的羽雀，那是飞鱼最惧怕的对手。再飞四十英尺，扑通。再飞四十英尺，扑通。" [1]

您是恰好忘记凶恶的军舰鸟了吗，父亲？

乌贼也能在水中快速游动，其中游得较快的几种独立而趋同地演化出了和飞鱼相同的习性，它们的目的也是逃避捕食者，但和飞

---

1.译者注：原文为 "Full forty furlongs from Faroes' furthest far-flung frosty foreshore, fifty-five flying fish fled frantically for freedom from forty-five ferocious feathered fowls, flying fishes' fearfullest foe. Forty feet further: flop. Forty feet further: flop"。

123

鱼仍有一点有趣的不同：这些软体动物游泳和飞行都是倒着来的，通过喷射高速移动。它们从口中喷出一股有力的水流，将身体如箭般射入空中。它们能飞 30 米或者更远，在空中停留约 3 秒之后重新落回海中。

将滑翔和动力飞行区分开来，并分别给予它们独立章节，这是一个方便的写法。但其实两者的差别是有些模糊的。就连那些习惯在热泡中翱翔，并沿着街道滑向下一个热泡的鸟类有时也会拍打翅膀，信天翁就是这样。在接下来的两章中我们会看看真正的动力飞行，飞行者在动力的持续作用下长久停留在空中——无论那动力是来自鸟类的肌肉、内燃机，还是飞机的喷气发动机。

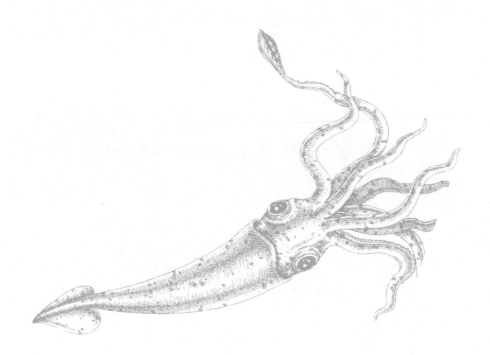

图 6.4 沿着海路去曼德勒，那飞鱼嬉戏的地方

　　我其实有一点奇怪，为什么鱼类没有演化出真正的飞行（在空中无限停留）能力，或许它们还需要几百万年？

第 7 章

# 动力飞行及其原理

## POWERED FLIGHT
## AND HOW It WORKS

装备精巧的空中士兵

可为什么非得搭载"士兵"呢？这个奇妙的飞行器肯定有更好的用途吧？

到这里我们已经了解，拥有一个宽大的表面，你就可以花费很少的力气和能量，依靠滑翔、升腾或飘浮留在空中。而如果你愿意多花点力气，那么还有许多克服重力的机会将向你敞开。主要的方式有两种，第一种是直接把自己向上推送，这是一种直接的、显而易见的方式，直升机、火箭和无人机都采用了这种方式。而第二种是气垫船采用的，气垫船的底部是一块气垫，它包含几个向下的螺旋桨，它们藏在一块挡板或帘子后面。垂直起降飞机向下喷射一道气流，将机身从地面托起。特技飞行者做的也是类似的事，比如2019 年法国国庆日飞过巴黎的那个令人惊叹的"空中士兵"。

莱奥纳多·达·芬奇在许多方面都是超越时代的，他曾设计过一款原始的直升机。可惜它不可能飞起来，原因之一是它要靠人力驱动。人类的肌肉太弱，托不起人体加上机器的压倒性的重量（见

图 7.1）。现代直升机配备了强有力的发动机，靠燃烧大量化石燃料驱动巨大轰鸣的转子。带角度的螺旋桨叶转出一股向下的强风，将直升机直接向上托起。

图 7.1 这或许不是达·芬奇最巧妙的发明

就算这四个男人能推着绞盘飞速跑动，这部装置也不可能离开地面一点点。

# 第7章
## 动力飞行及其原理

直升机还在机尾上装了一只面向两侧的额外的螺旋桨（或者类似的东西），以防止整架飞机像陀螺似的旋转。达·芬奇似乎漏掉了最后这个要点。"鹞"式攻击机和它之后的型号却不需要这个，因为它们没有转子。它们获得升力的方法是喷口直接朝下将机身推离地面，起飞后，再改为向后喷射气流推动机身前进。之后它的升力来源就跟普通飞机一样了。那么普通飞机是如何获得升力的呢？这是个更复杂的问题，我们这就来说说它。

与直升机不同，普通飞机获得升力的方法是迅速向前飞行。它们用螺旋桨或喷气来推动自己前进。迎面快速掠过机翼的气流能以两种方式托起飞机，这两种方式对活的飞行动物和人造的飞行器都很重要。其中最明显也最重要的一种被称为"牛顿方式"。飞机高速飞行，造成一股强风压迫机翼，这股强风将机翼托起，因为机翼在飞机快速前进时会略向上倾斜。在一辆快速行驶的轿车中把手伸出窗户，你就能亲身体会这个效果。将手掌略微向上倾斜，你会感觉手臂被风向上推动（如果你的手掌有可能被别的车辆误认为在发送信号，就别这么做了）。这就是对机翼工作原理——牛顿方式——的一个浅显的解释：牛顿方式。这也是飞机获得升力的主要方式。就算机翼只是两块略微向上倾斜的平板，这种方式也能生效，因此我们也可以称之为"平板方式"。

但这里也有一个不那么明显的力在起作用。当机翼快速向前移动时，还有第二种方式为它提供升力。这种方式是以丹尼尔·伯努利（Daniel Bernoulli）命名的，他是 18 世纪瑞士的一位数学家。许多人都没搞清楚这两种方式是如何协同作用的，就连有些教材作者也是这样。虽然我们很难用简单的术语把飞机飞行的复杂之处解释清楚，但幸好飞机仍在天上没掉下来。

好了，现在来说说机翼提供升力的第二种方式，伯努利方式。你应该已经注意到了，现代客机的机翼并非平平一块，而是有着巧妙的形状。它们的前缘比后缘厚，其截面也是一个精心塑造的弧形，在空气快速掠过飞机表面时，这个设计会运用伯努利原理使飞机获得升力。

伯努利定理就是，当"流体"（"流体"包括气体和液体）流过一个表面时，这个表面的压力会变小。我会在本章结尾试着解释这个定理，它就是洗澡时浴帘会吸到里面，湿湿冷冷地贴到你身上的原因。就是为了防止这样的情况发生，你的浴缸外面往往会挂第二条浴帘。在这个例子中，伯努利流体是由洒落的水流带起的向下的风。现在想象你有两只向下的喷头，各装在一块浴帘的两侧，其中一只喷头的出水速度快于另外一只。根据伯努利定理，这块浴帘就会被"吸"到水流较快的一侧。（我给"吸"加了引号，因为我们以为浴帘是被吸到一侧，而这其实是另一侧的压力更大造成的。）

当飞机在空中嗖嗖地穿行时，它当然会遇到风。但凡条件允许，

# 第 7 章
## 动力飞行及其原理

飞机就会顶着盛行风起飞，以此获得额外的升力。下面就要说到巧妙的部分了。根据伯努利定理，风造成的吸力强度取决于风快速掠过的那个表面的形状。空气在机翼的弧形上表面上流动较快，在平坦的下表面上流动较慢。还记得那块悬挂在快速喷头和慢速喷头之间的浴帘吗？和这块浴帘一样，飞机翅膀也会受到一个向上的吸力，因为它的上表面受到的压力较小。

到底为什么机翼的弧形上表面会让空气流动更快？这是一个相当复杂的问题。曾经有人认为，如果两个空气分子同时从机翼前方飞向后方，一个走上面一个走下面，那么出于某种神秘的原因，它们必定会同时到达机翼后方。也就是说，那个经过机翼弧形上表面的分子必须走更长的路，要同时到达它就必须走得更快。但这种说法是错误的。实际上，这两个空气分子并不会同时到达机翼后方，它们也没有理由非要同时到达。不过，上面那个分子确实会贴住机翼流动，而不是沿切线飞出，它在弧形上表面也确实飞得比在平坦的下表面上更快，因此伯努利效应确实会为机翼提供一定的升力。

说到这里我必须再次强调，一般来说，伯努利效应贡献的升力还是比不上我刚才提到的第一个效应，即"平板效应"或者叫牛顿效应。如果伯努利升力的贡献最大，飞机就不能翻转过来飞行了。而实际上，至少小型飞机是可以翻转的。

我上面说空气分子会"贴住"机翼的弧形上表面，而不是沿切线飞出。但这也不是绝对的。如果攻角（angle of attack）太高，也就是如果机翼向上倾斜的角度太陡的话，空气分子就"贴不住"了，它们不再能够平滑地流过机翼，而会打起螺旋，形成恐怖的湍流模式。这时伯努利吸力瓦解，飞机突然失去升力，开始"失速"（见图 7.2）。失速可能造成危险，飞行员必须采取措施重获升力，具体来说就是减小攻角（通常的做法是让机头向下倾斜一点），从而在机翼上方重建适当平滑的气流。

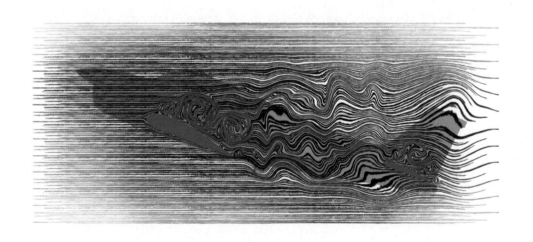

图 7.2　失速的飞机

失速飞机的湍流模式。

# 第 7 章
## 动力飞行及其原理

　　我刚才说到了"攻角"，现在我们要给它连同几个与飞行相关的技术词语下定义。攻角就是机翼与气流间的夹角。不要把它和"俯仰角"（pitch angle）混淆，俯仰角指的是飞机与地面的夹角。当飞机起飞时，俯仰角很大，如果你违反规定在小桌板上放一杯饮料，它就很可能洒到你腿上。这时飞机的攻角也很大，但是大俯仰角未必意味着大攻角。一架近乎垂直爬升的战斗机俯仰角很大，但攻角很小，因为掠过机翼的气流也近乎是垂直向下的。

　　这里的"俯仰"既是名词也是动词。当一架飞机与地面的夹角变大或者变小，我们就说它在"俯仰"。当一侧机翼向下倾斜而另一侧向上，它就是在"横滚"。飞行员通过机翼后侧可以翻转的副翼来控制翻滚。他们还用机尾可以水平翻转的表面来控制俯仰。除了"俯仰"和"横滚"，还有第三个重要概念：一架飞机向左或向右旋转叫"横摆"。飞行员用尾翼后侧的一个垂直舵来控制偏摆。除了飞机，飞行的动物自然也会俯仰、横滚和横摆。

　　行文至此我主要讨论的都是固定翼飞机，因为固定翼飞机的理论比较简单。说它简单，其实其中也存在难点。莱特兄弟和几位早期飞机设计者都采用了"翘曲机翼"（wing warping），那是一套由绳索和滑轮组成的精巧系统，能用来扭曲左侧或右侧机翼的形状，从而驾驭飞机。到今天，翘曲机翼已经为可翻转的副翼所取代。而要从理论上计算鸟类如何取得升力和正推力要比计算固定翼飞机困难。鸟类不仅会拍打翅膀，它们的翅膀还会敏感地调节，时刻改变形状——我看这可算是一种翘曲鸟翼。拍打加上变形，使计算鸟类飞行的数学运算很难涵盖所有细节。不过我们还是能说一句：两种获得升力的方式，即牛顿式和伯努利式，对于机翼和鸟翼同样适用，只是后者比前者更为复杂。我们后面再来讨论这个问题。说回失速，这对鸟类和飞机都适用。

飞机用巧妙的装置来减轻失速的风险。其中一种是前缘缝翼（wing slat）。前缘缝翼就像小小的附加机翼，它们被安装在基本机翼前缘，与基本机翼之间有一条可调节的缝隙。通过这条缝隙，前缘缝翼将一些额外气流导向基本机翼的上表面，使它们不至于流向别处。这样就能将湍流开始的临界点推后，沿着机翼的上表面推向后方，以防止失速。前缘缝翼允许飞机飞出一个更大的攻角而不至于失速。在正常飞行中，前缘缝翼会妥善收好。只有在起飞和降落时，飞行员才会启动它们，因为这时候飞机的速度最慢，攻角也要张到最大。有的现代客机还会在翼尖加上一个优雅的翘起。这能减少湍流和阻力，鸟的翅膀也会这样上翘。

会失速的不单是飞机。鸟类是活的飞行器，它们也不例外。它们也有和飞机一样的前缘缝翼吗？可以这么说。许多翱翔型鸟类翼尖附近的羽毛之间都有明显的缝隙，似乎也起着相同的作用。兀鹫和雕就是这一点的完美呈现。它们的翅膀外沿长着很大的初级飞羽，全部张开，留有明显的空隙。这些大号初级飞羽，每一根都起到微型翼或者前缘缝翼的作用。对于在热泡中盘旋上升的鸟类，这或许是特别重要的，所谓热泡就是一根包裹着一层冷空气的细长热空气。一只兀鹫必须盘得很紧，以免掉到热泡外面。于是它的翅尖就会比翅根速度更快，翅根提供的升力也因此会较弱，有失速的危险。在这里，翅尖处分开的羽毛就显得特别有用了，对于接近热泡中心的翅膀，它们发挥了前缘缝翼的功能（见图 7.3）。

图 7.3 飞机和飞鸟都必须服从同样的物理学定律
为此它们发明了相似而不相同的对策。

　　工程师常常在风洞中试验设计品（一般是微型复制品），以此完善机翼。这些机翼的复制品不会在空中快速穿行，但是让风吹过风洞中固定飞机或者机翼，也能起到相同的效果。工程师有时会在机翼上方贴小布条以观察气流的走向，特别是观察调整机翼形状或改变攻角时会出现怎样的湍流。当模型机翼开始失速，那些布条就会像鹭翅膀后缘的羽毛一样竖起。一般来说，要改善机翼设计，开展风洞试验比数学运算容易，毕竟湍流是极难算清的。这也肯定比试飞一系列带有不同形状机翼的完整飞机要来得安全和便宜。当然了，鸟类的翅膀如此完善，并不是因为有人做了什么复杂运算，也不是因为在风洞里开展了试错，它们是现实世界中不断失败和改进的产物。在现实中，"失败"的结果比在风洞里严重多了。那可能意味着突然死亡，就算没那么严重，至少也会降低生存和繁殖的概率。

　　受鸟类启发，莱奥纳多·达·芬奇设计了许多飞行器，看上去都有点像现代的悬挂式滑翔机。他还设计了几款"扑翼飞机"，靠人类肌肉来拍打翅膀。和他设计的直升机一样，这些扑翼飞机没有一架飞得起来，他的滑翔机或许倒能飞（见图7.5）。扑击飞行需要的能量不是人类的肌肉可以提供的。人力飞行要等到20世纪末才能实现，因为那时才研发出了超轻的建造材料，以弥补我们肌肉力量的弱小。而且当人力飞行最终实现时，那些飞行器果然还是不会拍打翅膀，而且只能勉强停留在空中。

图 7.4 一只鸟的刻意失速

　　鸟类不仅会失速，有时还故意用失速来帮助自己降落。当一只像鹭这样的大鸟降落时，你可以看到失速的湍流托起它翅膀后缘的羽毛。

其中最使人惊叹的一部机器大概要数"游丝信天翁号"（*Gossamer Albatross*），它的设计者保罗·麦克格雷迪（Paul MacCready）是一位杰出的发明家，我有幸在他加州的家里见过他。

☞ 他当时向我解释了他对流线型的热爱。汽车是他关注的项目之一，但他觉得很惋惜。许多汽车被设计成流线型外

图 7.5 达·芬奇设计的精巧扑翼飞机

这部装置或许可以用作悬挂式滑翔机，但是它靠人类的肌肉是无法有效挥动翅膀的。

## 第7章
## 动力飞行及其原理

表来吸引人们购买，但那些通常不是真正的流线型。特别是汽车的底盘，都不是流线型，这其中有一部分的原因可能是因为底盘是看不见的，所以无论它被设计成什么样子都不会影响到销售。流线型对游泳和飞行的动物非常重要。无论是在野外还是水族馆里，如果你见过企鹅或海豚游泳，你多半都曾羡慕过它们的速度。相比之下，人类游泳者就太慢吞吞了，就算剃干净毛发的奥运会冠军也不例外。海豚只要尾巴一摆，就能在水中迅速冲出，简直像浑身上下涂满了润滑油一样——这么说也不算错，因为海豚的身体不但极符合流线型，还会持续蜕皮，它们的身体会掉下类似头皮屑的东西，每两小时就更换一次表皮。这样就能减少水中的微小漩涡对它们的影响，使海豚不至于慢下来。

再说回"游丝信天翁号"，在 1979 年，有一名经验丰富的自行车手驾驶它。车手骑一辆改进的自行车，自行车再驱动一只螺旋桨，"游丝信天翁号"由此成功飞越了英吉利海峡。不过这次历险也险些失败，那名踩着踏板的飞行员被逼到了年轻男子耐力的极限，当法国海岸映入眼帘时，他差一点就累瘫了（见图7.6）。这个飞行器的时速在 11 至 29 千米之间，离下方的波涛才几米，这也应了"信天翁"这个名字。和莱特兄弟一样，麦克格雷迪也在"游丝信天翁号"的基本机翼的前方额外装了一片稳定翼，还把螺旋桨装在了后面。同样应了"信天翁"这个名字的是，它的机翼很长很窄，跨度近 30 米，而且机身极轻，仅 98 千克，其中超过一半是那位车手兼飞行员的自重。

麦克格雷迪将每一克不必要的重量都从他的这架飞机里剔除了。就连黏合飞机用的胶水也特别选择了超轻的一种，重量就是这么重要！飞行动物同样会轻到不能再轻为止。鸟类、蝙蝠和翼龙的骨头都是空心的，这又是一个权衡：一面要把骨骼长得尽可能轻盈，一面又不能折断。你或许认为牙齿总不会重到哪去吧，但鸟类可能正因为重量而抛弃了祖传的牙齿，代之以角质的喙，因为喙的重量更轻。飞机飞得越快，流线型就越重要。你可能好奇为什么这样，这是因为空气阻力会按照速度增加的平方上升。有一件事绝非巧合：

⊕ 图 7.6 "游丝信天翁号"

在踏板的带动下飞越英吉利海峡，"游丝信天翁号"勉强载着车手的体重停留在空中。飞行很消耗体力，这次飞行达到了人类肌肉能承受的上限。

无论设计方是美国、欧洲还是俄罗斯，现在那些高速客机的外形都是相同的。这一点不能仅仅用工业间谍来解释。所有国家的工程师都必须和同样一组物理定律相抗衡。以前飞机飞得较慢的时候，它们的外形并没有这么单一。

在"游丝信天翁号"之后，保罗·麦克里迪又启动了其他几个飞行项目，比如靠太阳能驱动的飞机"太阳挑战者号"（*Solar*

*Challenger*）。这架"太阳挑战者号"同样极为轻盈，也是流线型的。它的机翼和机尾铺满太阳能电池板，由此驱动一只相当大的螺旋桨。它的速度能达到每小时约 64 千米，并能爬升到 4 千米以上的高度。在那之后的太阳能驱动飞机更实现了环球飞行等壮举。它们并没有一次性飞完（这是人的原因——这样飞一次要几个礼拜）。但它们白天黑夜都能飞行，白天太阳能为电池充电。

"游丝信天翁号"突破了人类肌肉力量的极限。它也达成了达·芬奇的飞行器试图达成却没能达成的目标，并且不像达·芬奇构想的扑翼飞机那样，如飞鸟般拍打翅膀。在"游丝信天翁号"上，肌肉的力量通过螺旋桨来推动飞机前进。升力则直接来自这个前进的动作。

靠内燃机实现的动力飞行始于 1903 年莱特兄弟的创举，喷气发动机则出现于之后的 20 世纪 30 年代。说来惊人，从莱特兄弟的开创性成就到第一次超声速飞行，中间只过了 40 年左右。又过了短短 20 年，我们这个物种的成员就被投送到月球，又被带了回来。我是故意用"投送"这个词的，因为火箭是向东发射，利用地球的自转速度被扔上轨道的。欧洲空间局在法属圭亚那的几处发射站位置刚好，正好可以占这个便宜，它们离赤道近，最适合利用地球自转将火箭送入轨道。

☞ **顺便说一句**，你或许想知道伯努利定理究竟是如何起作用的，下面我就非常简单地解释几句，完全不会用到数学符号。首先，我们必须理解在分子层面上空气压力意味着什么。一个表面所承受的压力是数万亿个分子撞击的总和。空气分子始终在随机的方向上"嗖嗖"飞过，一撞上什么东西就会改变方向，它们撞上的可能是别的空气分子，也可能是另一个表面。当你在聚会上吹鼓一只气球时，气球的内表面就比外表面承受了更多压力。在气球内部，每平方厘米都有比外部更多的空气分子，因此每平方厘米的内部橡胶也比外部橡胶承受着更多的分子撞击。在你脸上吹拂的风也是分子的撞击。比如举起一张卡片，其中一面红色，另一面是绿色。在一个静止无风的天气下，卡片两面受到同等强度的分子撞击。但如果你将红色的那面迎风举起，分子对红色面的撞击就会增强，你也会感到风推动卡片的压力。到这里都很好理解。接着就要说伯努利定理了，这会有点复杂。将卡片举到水平位置，红色面朝上，使风掠过卡片（的两面）。这时空气分子仍在随机撞上任何东西并弹开，其中包括别的空气分子和卡片的两个表面。这时，空气分子的运动虽然大体上仍然随机，却也开始偏向风吹的方向了。于是撞击卡片表面的分子减少了，它们改成了掠过卡片。这等于说两个表面受到的压力都

减小了，卡片没有上升也没有下降。最后，我们可以用两只
吹风机帮忙，使红色面上的风吹得比绿色面上快。这时红色
面上的压力就会比绿色面上减小得更多，卡片也随之升起。

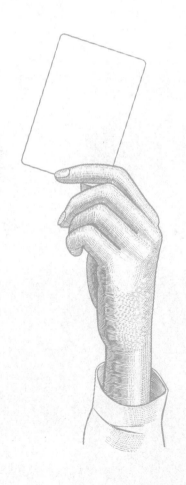

第 8 章

# 动物的动力飞行

## POWERED FLIGHT
## IN ANIMALS

相比人类的机器，动物的飞行更加复杂和令人费解。这部分是因为，动物拍打翅膀，在将自己向前推进（原理与飞机相同）的同时还在向下喷射气流（原理更像直升机）。如果用慢镜头观看鸟的飞行（不用慢镜头根本什么也看不清），你会发现它们的翅膀并不是简单地上下挥动。翅膀的曲度加上柔软易弯曲的羽毛将鸟向前推进，这种前进通过我们在第7章看到的两种方式，即牛顿方式和伯努利方式提供升力。与此同时，翅膀向下拍打的动作也产生了另外一股升力，就像我们在第7章开头写直升机的部分看到的那样。我们或许想当然地认为，翅膀上扬的动作会产生相反的效果、破坏飞行，但其实不会。这部分是因为翅膀的曲度，部分是因为翅膀会在上扬中变形，将肘关节和腕关节向内收拢，从而使翅膀的表面积比用力向下拍打的时候更小。

# 第8章
## 动物的动力飞行

没有螺旋桨也不能喷气，鸟类和其他飞行动物用翅膀直接产生升力，并推动自己前进。这一点和人造的飞机不同，飞机的翅膀只提供升力，不提供向前的推力。另一个极端是翅膀只提供推力，而不提供升力，这在企鹅身上有所体现，但那当然是在水下，而不是天上。企鹅比水轻，能够浮在水中，因此不需要翅膀来提供升力，它们的翅膀是在水下"飞行"用的。别看它们在陆地上只能用缓慢笨拙的步态蹒跚而行，到了水下，它们却能像海豚般极快地穿梭，虽然海豚的推进方式与企鹅不同，靠的是尾巴的上下摆动。海豚和企鹅的身体都是美丽的流线型。企鹅的祖先大概很容易就获得了流线型的身材，因为在空中飞行本来就需要这样的身体。

别的海鸟也会用翅膀在水下移动，如海鹦、鲣鸟、刀嘴海雀和海鸽。但是和企鹅不同，它们也用翅膀在空中飞行。在空中，翅膀最好的形状和在水中不同。在水下飞行时，翅膀越小越好。海鹦和海鸽必须在大小之间折中，而企鹅既然放弃了天空，就能一门心思为水下移动完善翅膀了。海鹦的翅膀太小，对空中飞行不够理想，因此只能依赖速度很快、能耗很高的振翅频率。但另一方面，它们的翅膀又太大，对游泳也不够理想。我们再次看到了演化里的折中原则。

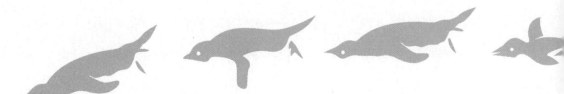

鸬鹚在水下用一双大脚行进，翅膀只是帮点小忙，翅膀主要仍用于飞行。已经灭绝的大海雀是海鸽和刀嘴海雀的亲戚，它们和企鹅一样不会飞，翅膀也成了完美的游泳工具。大海雀有时被称作"北方的企鹅"，就连它的拉丁学名也叫 *Pinguinus*，很像企鹅（penguin），但其实它和企鹅并非近亲。大海雀的翅膀很小，不足以飞行，这点和企鹅很像。这就好像作为它们祖先的北方刀嘴海雀有一天说："哎呀，谁要在天空和水里同时飞行呢？两头兼顾太不划算了。还是忘记天空，专练水下吧。那样至少能精通一样。"

悲哀的是，你们和我都生晚了，刚好没赶上目睹大海雀的样子。和许许多多其他动物一样，它们也是被人类推向灭绝的，时间是距我们很近的 19 世纪。也许有很小的概率，我们的孙子辈还能再次看见大海雀。它的基因组测序已经完成，依据的是哥本哈根一家博物馆里的一具标本。我的一位同行正在探讨一种可能：或许哪天可以用新的基因编辑技术修改一只刀嘴海雀的基因组，然后将修改过的细胞放进比如几只鹅的生殖腺内，再从它们下的蛋里孵出一只大海雀来（见图 8.1）。

再说回空中飞行。用翅膀推进靠的是在空中做类似划桨的动作。蜂鸟将这一点推到了极致，它们在空中做着蜜蜂似的快速划艇的动作，翅膀在上扬过程中几乎要翻一个面。这对翅膀在上扬和下拍时几乎同样高效，使蜂鸟能像直升机一样悬停、倒飞和侧飞，偶尔甚

图 8.1 北方的企鹅——大海雀

大海雀在 19 世纪被迫害灭绝了，可怜！

至能倒立着飞行。悬停是鸟类在演化中的重大发现。在这之前，昆虫独占了花蜜，因为它们能在花瓣上着陆。鸟类因为太重而无法做到这一点，直到它们学会了悬停。旧大陆的太阳鸟相当于新大陆的蜂鸟，但它们中只有一部分会悬停。有些花朵上长了特殊的突起物，似乎是专门为食蜜鸟着陆准备的。在昆虫里，食蚜蝇是悬停冠军。还有几种叫"小豆长喙天蛾"的飞蛾也精于此道，它们一边悬停，一边用极长的舌头吸吮花蜜。它们的外形很像蜂鸟，这又是一个趋同演化的很好例子（见图 8.2）。蜻蜓也是悬停高手。

观看一只鸟的飞行，就算用慢镜头，你也很难将它们向下扇风的"直升机式"动作和它们向前推进的"飞机式"动作分解开来。一只鸟会在两种动作之间切换重心，比如起飞时偏重"直升机式"动作（并用跳跃辅助），到平飞阶段则偏重"飞机式"动作。不同的鸟类物种，有的精通一种动作，有的精通另一种。蜂鸟并不是唯一的"直升机式"飞行高手。非洲和亚洲的一种翠鸟"鱼狗"（pied kingfisher）是真正能在空中长时间悬停的最大鸟类。其他的翠鸟只能停在枝头找鱼，鱼狗却能在空中做这件事，像巨大蜂鸟似的悬停着扫描。只是它们那对大大的翅膀不会嗡嗡作响。

隼属（Falco）在觅食的时候会以另外一种方式悬停，有的正统派甚至不承认那是悬停。这些隼的做法是逆着风向，以相同于风速的速度飞行。这意味着它们的地面速度为零，而空速（相对于迎面

图 8.2　小豆长喙天蛾

　　当你看到这种蛾子，听到它嗡嗡振翅的声音，你或许会以为这是一只蜂鸟。小豆长喙天蛾确实和蜂鸟从事同一行当，也因此演化出了趋同的形态。

而来的风的速度）快到足以提供升力。鱼狗和蜂鸟则像直升机，无须顶风就能悬停。

鸟类翅膀的下拍和上扬分别由不同的肌肉控制。它们用胸大肌驱动下拍。这些肌肉可以占到它们体重的 15% 或 25%。就像我们在关于加百列和珀伽索斯的畅想中看到的那样，它们的胸大肌必须附着在一大块胸骨或"龙骨突"上。或许你认为，负责上扬的肌肉肯定位于翅膀上方，这在蝙蝠身上是对的，在鸟身上却并非如此。这些喙上肌（supracoracoideus muscles）仍然位于翅膀下方，它们通过肩部的"绳索"（肌腱）和"滑轮"向上拉动翅膀。还有一些肌肉用来改变翅膀的角度，另一些通过弯曲腕和肘关节调节翅膀的形状。

我本来可以在介绍滑翔的第 6 章里就讲讲信天翁，因为它们主要在接近海面的地方翱翔和滑翔。但当时它们所运用的原理还没有解释清楚，还是现在讲起来比较方便。信天翁是节能飞行的大师。当一只信天翁结束它的一生时，它可以飞行超过 161 万千米，环绕地球几圈。信天翁不是借助热泡，而是借助海面的自然风来获得升力。它们在低空滑翔，有时一连几百英里都不在陆地降落，其间很少扇动翅膀，也很少消耗能量。信天翁中最大的物种是南方大洋的漂泊信天翁，它们不停地环绕地球飞行，总是乘着盛行风，朝着一个方向。信天翁也不会被动地接受风的吹拂，因为那样就

# 第8章
## 动物的动力飞行

无法获得升力。它要靠类似热泡的东西升到高空，然后滑翔下来，因此它总是在顺风滑翔和逆风上升之间切换。在迎着海面附近较慢的风时，它会像一架飞机，用牛顿和伯努利两种方式获得升力。这会托着它升上一定高度，然后它再顺着高处较快的风滑翔下来。在升降周期的这个阶段它会失去高度，就像一只兀鹫离开热泡或者一只鼯猴从树冠跃下。等回到了风速较慢的海面，它就再次逆风爬升。周而复始，永无止歇。它还会娴熟地调整自己的飞行表面，以利用海浪制造的涡流和上升气流。这些由海浪生成的上升气流不像热泡那般持久，并且更加紊乱。要驾驭它们就必须时刻敏锐地调节飞行表面，要做到这点只能靠复杂的"电路"——也就是先进的神经系统来指挥。

对于信天翁这样精通滑翔但体形硕大的鸟类，起飞是一个难题。信天翁可以拍打翅膀，但是就像前面说的，扑击飞行很消耗能量，对大型鸟类来说也很费力气。信天翁从地面起飞时做的事情和一架飞机相仿，它们沿着一条"跑道"迎风快跑，直到空速足以将它们的翅膀托起。信天翁的繁殖群体真的会留出显眼的跑道，就像机场。我曾在新西兰和加拉帕戈斯群岛见过那些跑道。和飞机不同，它们还会拍打翅膀获得额外的升力。在海上，它们虽能在波浪上滑翔惊人的距离，但有时也会降落下来，比如在捕鱼或休息的时候。在这之后想要再起飞又是一个难题。它们会全力拍打翅膀，同时在水面上奔驰，那样子就像一架老式桑德兰水上飞机在费力地起飞（拍打翅膀是一个重要区别）。天鹅也很硕大，同样要面对从水面起飞的吃力难题。我时常会听见窗外响起一阵有节奏的扑棱声，这时我就会跑出门去，望着几只天鹅从我家窗外的牛津运河上缓慢而艰难地起飞（见图 8.3）。

    ☞ **顺便说一句**，鸟类能在水面上奔跑或许令人意外，但这其实并不少见。前面已经说过，鸟的翅膀上硬的东西不止骨头，还有羽毛。这意味着它们不像蝙蝠或翼龙那样，皮膜要连在后肢上，因此鸟类的双腿可以不受限制地奔跑。许多

图 8.3 牛津运河上的天鹅
大型鸟类起飞时要挣扎一番，但它们是能飞起来的。

158

159

鸟类都有强健的双腿，能跑得很快，比如鸵鸟的奔跑速度可以达到每小时约 72 千米。强健的双腿也使一些鸟类能在水面上奔跑。蜥蜴是鸟的远亲，一些蛇怪蜥蜴能凭借强壮的后肢在水面上疾走，比如南美洲及中美洲有一种名字贴切的"耶稣蜥蜴"（译注：《圣经》中记载，耶稣能在水面上行走），在水面上能以约 24 千米的时速奔走，几乎和在陆地上一样快。北美鸊鷉会跳一种华丽又相当滑稽的求偶舞，雄鸟和雌鸟一前一后地奔跑在水上，速度快到只有脚掌和尾巴触到水面。信天翁在海面上奔跑起飞，运用的也是一种相似的能力，只是更费劲罢了。信天翁长着带蹼的大脚，这肯定能帮上忙。鸊鷉的脚掌其实没有蹼，但每个脚趾上都有叶子形状的膜，能起到大致相似的效果。

在将近 2 亿年的时间里，昆虫都曾是无可争议的天空之主，直到脊椎动物派出翼龙加入它们。我不知道为什么脊椎动物用了这么长时间才飞上天空。我总认为，只要什么地方有一个空缺的生态位（生活方式或经营方式），某种动物就会迅速演化，将其填补。我很难理解，那么多个开放的生态位，比如逃避捕食者、在空中觅食、远距离迁徙，还有捕捉飞行的昆虫，一切我们在第 2 章谈论的活动竟没有早一点被脊椎动物所填补。结合第 4 章的讨论，我猜想是昆

虫纤小的体形让它们早早飞上了天。

在大约 3 亿年前的石炭纪，也就是今天的大多数煤矿形成的时候，曾有过翼展为 70 厘米的巨型蜻蜓在巨大的蕨类和石松间轻快地飞行——如果这种巨虫可以用"轻快"来形容的话。

你可能在迈克尔·克莱顿的科幻惊悚小说《侏罗纪公园》中注意到了一个有趣的小差错：几名冒险者遇到了几只蜻蜓，翼展达到 1 米。作者似乎写得有些忘乎所以，不记得故事的基本设定了：侏罗纪公园的科学家从琥珀中找到了远古的蚊子，又从蚊子吸食的血液中提取出 DNA，复活了远古动物。但蚊子不会吸蜻蜓的血，而且琥珀中保存的最早的昆虫比石炭纪的那些巨大蜻蜓还晚了 1 亿年。

有人根据多方证据指出，石炭纪的蜻蜓之所以能长这么大，一个必要的前提是当时的大气中含有更多氧气；最高含量估计是 35％ 左右，而今天只有 21％。昆虫能将空气输送至全身，不只送到专门呼吸的肺，而这套系统只在较小的身体上才能高效运作。富含氧气的大气能提高体形的上限。当大气中的含氧量升高，（由闪电引发的）森林和草原火灾也会变得更加频繁。或许那些巨型蜻蜓会用它们的硕大翅膀逃避随处发生的火灾。它们的生存机会应该超过同时代的爬虫，比如 2.5 米长的石炭纪巨型千足虫，或者 70 厘米长的肺蝎（*Pulmonoscorpius*）——在我看来，这些都是在噩梦中

出没的怪兽。还有曳螈（*Eryops*），如果称之为巨大蝾螈可能让人听上去感觉没什么危害，但其实那是一种凶猛的食肉动物，长度可达 3 米，在石炭纪过着今天的鳄鱼所过的生活。

昆虫没有骨头。要想更好地理解它们的骨骼，你可以去看看它们的大号亲戚，比如龙虾。昆虫没有骨头，但有一套带关节的角质管道，被称为"外骨骼"，里面包着又湿又软的身体器官。昆虫的翅膀不是鸟翼那样经过调整的前肢，它们是外骨骼上生出的纸片般的结构，铰接在胸部的外壁上。负责抬起翅膀的肌肉在体壁内向下拉扯，像杠杆似的将翅膀抬起。至于向下冲，在蜻蜓等少数大型昆虫中，向下冲是靠铰链另一头肌肉的拉扯，你想必也猜到了。但对于数量庞大的其他昆虫，向下冲的原理就不太好猜了。它们靠收缩胸部肌肉，使胸甲顶部向上弯曲。这样能间接地向下撬动翅膀——因为翅膀是铰接在胸部的。

昆虫的振翅可以达到惊人的频率，有些小虫子每秒钟能振动 1046 下，比中央 C 音还高两个八度。这就是一只蚊子即将叮你时发出的那种令人恼火的噪声——D. H. 劳伦斯称之为"可恨的小喇叭"。可以想象，要达到这么高的频率，单靠神经每秒 1000 次交替地告诉翅膀肌肉"上、下、上、下"是很难的，神经的确也不会那么做。这些昆虫靠的是自发振动的振荡的肌肉，这是一种高速震

# 第 8 章
## 动物的动力飞行

颤。蚋、蚊子或胡蜂的飞行肌是小型往复式发动机，它要么打开，要么关闭。中枢神经系统不会交替发出"上、下、上、下"的命令，而是只说一句"飞"（打开振荡发动机），过一会再说一句"停飞"（关闭发动机）。没有油门，无须加速。任何时候，只要肌肉引擎打开，它就会以固定频率振动，其频率取决于翅膀的"共振频率"。这就好像翅膀是一只钟摆，它以固定频率摆动，但是比任何真的钟摆都快了许多。想必你从钟摆这个比喻中猜到了：如果将昆虫的翅膀截短，它们的振动频率就会显著上升。诚然，当一只蚊子在我们耳边嘀咕或是一只熊蜂在花坛上嗡嗡盘旋时，我们听到的音符似乎是变化的。但那主要是因为，当昆虫在空中转变方向时，所谓的"惯性效应"会改变这个"钟摆"的行为。在一个缓慢得多的尺度上，这也是为什么哈里森的航海时计是一项如此重要的突破：在一艘随波起伏的船上，摆钟会走不准。

像蜻蜓和蝗虫之类的大型昆虫就相当不同了。它们更像鸟类，翅膀的每一次上扬和下拍都是由中枢神经系统分开命令的。使用振荡引擎式肌肉的主要是小型昆虫，但也不是完全如此。振荡飞行的最大昆虫大概是负子蝽（giant water bug，顺便提一句，"bug"在英语里往往统称一切昆虫，甚至兼指细菌或是病毒，但在动物学里它是一个严格术语，只能用于吮吸食物的半翅目昆虫）。负子蝽是一种令人生畏的热带动物，它们长着惊人的颚，虽然无毒，但咬起人来也很疼。它们虽然主要在水里生活，但也能起飞，使用的正是振荡的飞行肌引擎。因为体形硕大，它们被我在牛津大学的教授，"大笑约翰"·普林格尔（"Laughing John" Pringle，大家给他取这个绰号是因为他连微笑都很少见到）拿来做振荡的肌肉研究（见图 8.4）。如果你尝试用蚋的肌肉纤维来做研究，那就什么都看不清了。

蝙蝠是唯一真正会飞的哺乳动物，它拍打翅膀的方式与鸟类相近。虽然它们缺乏羽毛提供的有用曲度，但蝙蝠在翼膜里另藏了一记妙招。除了有主要肌肉控制翅膀的拍打和蹼间的手指间距，它们的翼膜内还埋着一条条细长的丝状肌肉。我不知道这些名叫"plagiopatagiales"的肌肉（我也不知道该怎么读）在演化上的前身是不是哺乳动物都有的在皮肤里用来竖起毛发的肌肉（就是它们让我们在冷的时候起鸡皮疙瘩——那是祖先身体的奇妙遗存，那时人类的体毛还足够为我们保暖）。无论起源是什么，总之这些肌肉似乎是用来调节飞行表面上不同部分之间的张力的。它们或许也能产生曲度，只是以不同于鸟类翅膀的方式。这些肌肉在皮肤内做出精细调节，再结合手指动作的大幅度调节，两者共同实现对飞行表面的敏锐控制。对蝙蝠这样快速飞行的猎食者来说，这套精密的控制系统可能非常重要。其实在我看来，配备了高科技雷达（实际是

图 8.4　负子蝽

拥有振荡式翅肌引擎的最大昆虫。可别和这张大嘴过不去！

声呐）的机警蝙蝠，很像是性能卓越的攻击型战斗机——至少小型蝙蝠如此。而包括狐蝠在内的大型蝙蝠并不需要这种高速机动性，因为它们不必像小型蝙蝠那样追逐移动目标，它们吃的是果子，果子反正是不会逃的。

☞ 和小型蝙蝠不同，大型狐蝠长着大大的眼睛。它们要么没有声呐，要么声呐发育不良或者以别的方式发挥作用——这表明了趋同演化。从外表看，狐蝠让我想起翼龙，但其实它们当然是哺乳动物。翼龙是不是也有声呐？一些翼龙眼睛很大，说明它们在夜间飞行，但多半靠的还是视力。顺带一提，我还想过鱼龙是否也有声呐的问题，那是一种已经灭绝的爬行类动物，形似海豚。海豚拥有高度精细的声呐系统，是完全独立于蝙蝠演化出来的。可是鱼龙的眼睛很大，这一点不像海豚，因此它们很可能是没有声呐的。

飞行器都必须在稳定性和机动性之间取舍。伟大的演化理论家和遗传学家约翰·梅纳德·史密斯（John Maynard Smith）在第二次世界大战期间当过飞机设计师，战后他回到大学做了一名生物学家（"我认定了飞机又吵又过时"）。他指出，就像人造飞机那样，这种取舍对于鸟类这样活的飞行者也很重要。那些非常稳定的飞行器几乎能自动飞行，至少一个不怎么熟练的飞行员就能驾驭它们。但就战斗而言，取舍是偏向机动性的。太稳定的飞机不能用于军事战斗，战斗机在空中要敏捷灵活，转弯和躲避都要迅速。而机动性强的飞机都不稳定——这又是一个取舍的问题。只有反应迅速的专业飞行员才能驾驭后者。再到今天的那些先进战机，假如没有机载计算机的协助，就连专业的飞行员都会手足无措。将来总有一天，再专业的飞行员也会完全被电子制导系统所取代。

机载计算机和专业飞行员都需要仪器——这就相当于感觉器官和感觉器官的辅助工具。在动物界，蝇，尤其是食蚜蝇，有着引人注目的机动性，也都拥有性能极佳的仪器。与其他昆虫不同的是，蝇类（包括蚋、蚊和大蚊）只有一对翅膀（因此有了"双翅目"这个学名），它们的第二对翅膀在漫长的演化中萎缩，成了"平衡棒"，那是一对末端呈球形的小棒子，位于保留下来的那对翅膀的后方。这对平衡棒就是飞行仪器。它们会像微小的翅膀般嗡嗡振动，但它们的形状和大小完全不适合飞行。它们其实承担着类似陀螺仪的功能，帮助蝇类转向并保持稳定（见图 8.5）。如果被摘除了平衡棒，这些昆虫就会变得极不稳定，无法再飞。你也可以将它们变回稳定的飞行者，方法是用一片小羽毛做成一根尾巴给它们粘上，钓鳟鱼的渔夫就用这种小羽毛来系苍蝇。

约翰·梅纳德·史密斯指出，早期的翼龙，比如侏罗纪的鸭嘴

图 8.5 大蚊和它的"陀螺仪"

　　大多数会飞的昆虫都有四片翅膀，蝇却只有两片（因此被称为"双翅目"）。它们的第二对翅膀演化成了名叫"平衡棒"的感觉器官，那是两根末端呈球形的小棒子，像两只微小的陀螺仪般起作用。

翼龙，都长着一条极长的尾巴，末端是类似船桨的构造。它们想必
是稳定的飞行者，但机动性很差。与它们相比，一亿年后白垩纪晚
期的无齿翼龙几乎没有尾巴。梅纳德·史密斯认为，无齿翼龙的机
动性应该很强，但不稳定。为了弥补因为没有尾巴而缺失的稳定性，
它很可能要依赖"电子仪器"——也就是用脑来灵敏控制飞行表面。
无齿翼龙会不会像今天的蝙蝠一样，也在翼膜里长出肌肉？它们对
这类肌肉可能有更大的需求，因为翼龙的翅膀里只有一根手指，无
法像蝙蝠（同样没有尾巴）一样精细地调整几根手指的位置。那么
无齿翼龙是否拥有比喙嘴龙更复杂的脑来实现必要的"电子"控制？
它如何利用颅骨后方伸出的那一大块来平衡向前伸出的那张大嘴？
或许它的整个头部都起到船头舵的作用，能自动将这动物转到它的
目光对准的方向（见图 8.6）？

　　现代鸟类没有像喙嘴龙一样的骨质长尾。我们一般所说的鸟尾
全由羽毛组成，没有骨头，而真正的尾巴是像烤鸡屁股那样短硬的
一团。著名的侏罗纪化石始祖鸟大概最接近所有鸟类的祖先，它长
着一条长长的骨质尾巴，就像大多数包括喙嘴龙在内的爬行类动物。
它在空气动力学上想必是稳定的，并且没有梅纳德·史密斯所说的
那种机动性。

　　鸟类需要机动性的一个原因是它们常常聚成紧密的群体飞行，
这时避免与身边的同类相撞就格外重要了。至于鸟类为什么集群，

图 8.6 两只相隔一亿年的翼龙

喙嘴龙(上)长着一条长尾,这使它成为一名稳定但机动性差的飞行者。无齿翼龙（下）是一种晚期翼龙,它几乎没有尾巴,多半稳定性差而机动性强。

第8章
动物的动力飞行

有好几种原因。最重要的或许是数量代表安全。猎食的鸟类通常一次只抓一个猎物，它们通常也分得很开，各自占领一块狩猎领地。而作为猎食对象，你的群体越大，被当地的鹰或雕捕获的概率就越小。要是你还能设法让自己待在群体中央而不是外围，这种"数量代表安全"的效应就会更加突出。这种优势对于鱼类和哺乳类集群同样适用。这些群体可以非常庞大，甚至包含数万个体，它们相互撞击的风险肯定是很高的。

椋鸟的冬季集群规模庞大，任何一群都有数十万只个体，并且展示出超凡的协同性。它们或翻滚或爬升，或俯冲或转向，看起来动作一致，整个巨大的鸟群几乎就像同一只动物。这个错觉还会被另一个事实所强化：鸟群的边界划得十分清晰，似乎没有那些既不在群外，也没有融入群中的掉队者。在一番曼妙的空中舞蹈之后，忽然之间，仿佛一场喧闹的暴雨，椋鸟们纷纷降落到它们夜晚的巢穴（见图 8.7）。

旁观者很容易猜想其中有一个领队、一个编舞者，但其实没有。每只鸟儿都遵守同一套简单的规则，并留意自己身边最近的队友，结果自然就产生了协同。这一点已经由计算机模拟出来了，它很好地示范了计算机模型能如何引领我们对大自然的理解。自克雷格·雷诺兹（Craig Reynolds）首先建立鸟群动力学模型（Boids model）以来，计算机程序员们就一直在采用以下重要原则：首先用程序模拟单只

图 8.7 "数不清的翅膀"

一群椋鸟是世间的一大奇迹。

的鸟，并赋予它一套对相邻的鸟做出反应的简单规则，比如和友邻们保持一定角度。接着将这只鸟复制几百份。最后再查看将这数百个副本放进计算机之后会发生什么。这些模型鸟将会"群集"，它们的行为相当仿真，与真实的鸟儿别无二致。有一点你必须明白：雷诺兹和他的后继者并没有"为一个鸟群编程"。他们始终是为单只的鸟编程。将这只虚拟的飞鸟克隆出许多副本之后，群集自然就涌现（emergence）出来了。这条"涌现"的原则对整个生物学都极为重要。当许多小的组成部分都遵循一套简单规则时，复杂的器官和行为就会涌现出来。复杂性不是设计出来的，而是涌现出来的。这是一个宏大的主题，值得专门写一本书来介绍。

再来说说为什么群集对于鸟类是一件好事。虽然群集的主要目的多半是为了迷惑猎食者，但还有一点相当微妙的益处，并不是说有利于群集，而是有利于我们常在许多迁徙候鸟中看到的"人"字队形。候鸟这样排列是为了利用前面那只鸟产生的滑流（slipstream），因此最好的位置是排在前面鸟儿的斜后方。于是就形成了鹅、鹳和许多其他鸟类在飞行中的"人"字队形了。当然，飞在最前面的那只是没有任何好处的。对朱鹭的观察显示，它们会轮流飞到前面这个困难的位置（见图8.8）。自行车手在比赛中也会使用相似手段，军用飞机也会为了节省燃料这样编队。空中客车公司正在研究让大型客机也这样列队飞行，从而节省燃料。

图 8.8　组成"人"字形的鹤

除了领头那只，每一只鸟都受益于前面那只产生的滑流。

　　群集还有一个好处，就是能从找到食物的同伴那里占便宜。你的视力再怎么好，一群鸟的眼睛也总比你一个的多，其中的一只或许就会找到一处你看漏的丰盛食物。有实验证据显示，大山雀会看着彼此进食，甚至会去队友找到过食物的地方照着样子再找一遍。

　　获得升力的问题还有什么解决方法呢？就是变得比空气更轻。

第 9 章

# 比空气更轻

## BE LIGHTER
## THAN AIR

蒙戈尔菲耶气球

天空中的一件艺术品。

飞机、直升机和滑翔机，蜜蜂和蝴蝶，雨燕和雕，蝙蝠和翼龙，这些都是所谓重于空气的飞行器。气球和飞艇则是轻于空气的飞行器。就像它们的名称所显示的，这些飞行器能毫不费力地浮在空中，托起它们的是氢气或氦气这样比空气更轻的气体，或是比周围的冷空气更轻的热空气。更准确地说，它们是被落在周围的更重的空气给托起来的，这依据的是阿基米德定律。就我所知，轻于空气的飞行器全是人类发明的产物。我不知道有什么真正的动物气球。

　　在人类的技术史上，比空气轻的飞行装置远早于比空气重的。人类的第一次飞行发生在 1783 年的巴黎，乘坐的是蒙戈尔菲耶兄弟制造的一只热气球。在观察经过洗涤后在火焰上烤干的衣服时，约瑟夫－米歇尔·蒙戈尔菲耶（Joseph–Michel Montgolfier）发现了一个有趣的现象：被衣服罩住的热空气会托着衣服飞向天花板。受

此启发，约瑟夫－米歇尔开始和具备商业头脑的兄弟雅克－艾蒂安
（Jacques-étienne）联手制造热气球。他们从小到大地造出了一系
列气球，先用动物乘客试验，然后才赌上人类的性命——而且是贵
族的性命，因为第一次载人飞行的乘客是达兰德斯侯爵（Marquis
d'Arlandes）及皮拉特雷·德·罗齐埃（Pilatre de Rozier）。德·罗
齐埃是一位科学家，为人机智，有一份报告说，当时气球在空中着
火，是他用外套扑灭了火焰。

　　短短几天之后，人类首次乘坐氢气球升空，地点同样在巴黎。
这次的飞行员是雅克·查理（Jacques Charles）教授，描述气体膨
胀的查理定律就是以他命名的。查理坐在一只美丽的船形篮筐内，
挂在气球下方。他在巴黎城外几英里处降落，两位公爵骑马赶来迎
接。查理对初次飞行并不满意，很快就重新起飞，起飞前还向沙特
尔公爵（Duke of Chartres）保证他一定会回来。他确实回来了。幸
好这只氢气球没有着火，要不然它和乘坐它的无畏驾驶员就都要说
再见了。这些早期的气球飞行充满危险，有几个早期驾驶
员真的丢掉了性命。德·罗齐埃的结局就很悲惨，
但也在意料之中。他后来乘坐自己设计的一只混
合气球升空，在一只氢气球下面又挂了一只热气
球——你知道我为什么说"意料之中"了吧？

　　德·罗齐埃最初乘坐的那只蒙戈尔菲耶气球是一

## 第 9 章
## 比空气更轻

件美妙的作品，它适合王室成员乘坐，能让他们在数千人的忘情注视下冉冉升空。现代热气球做成了五花八门的有趣形状，但也有比较传统的梨形。最早的蒙戈尔菲耶气球都拴了绳子。人们对当时的描述相互矛盾，我们已经很难推测出细节，但是看样子它们起飞时会将火种留在地面，一旦气球中的空气冷却，它们大概很快就会着陆了。后来的蒙戈尔菲耶气球在下面带了一只火盆，驾驶员用稻草生火。现代热气球用一只丙烷钢瓶生火，钢瓶将高热冲击波精确地发射到气球内部的深处。

你或许会认为，轻于空气的理想飞行器应该包含真空，毕竟除了真空还有什么比空气更轻的呢？很可惜，如果一部飞行器的内部真的是真空，那么为了抵抗外部空气的挤压，它就必须拥有一层极为坚固的外壳，材料得是钢铁之类的，而毫不夸张地说，钢铁的重量会使飞行器无法升空。一只能飞的气球或飞艇必须有一只轻盈的气囊，内部还要充满比氮、氧混合气体更轻的气体，因为我们地球的空气就是氮气和氧气的混合。氢是最轻的元素，因此早期的飞艇都使用氢气或者用富含氢气和甲烷等其他轻质气体的煤气。然而这是个坏主意！氢气高度易燃，一点就炸。考虑到巨型飞艇"兴登堡号"在 1937 年的悲惨毁灭，如今的飞艇设计师更喜欢第二轻的气体——氦气。

你想飞吗，像鸟一样?

☞ **顺便说一句**，要大量充入气球将人类送上天空，氦气还是太贵了，但是你仍可以购入装在小钢瓶内的氦气，用来为派对上的气球充气。这种气体不可燃烧，也没有多少危害，还能在派对上提供一些额外的乐子。因为比空气轻，声音在氦气中传播的速度也比在空气中快了将近三倍。这意味着，如果将氦气吸入肺中，你的声音就会变得像老鼠米妮般尖锐。但是你也不要玩得太过。氦气吸得太多或者太深入，都可能危害健康。

因为氦气价格高昂，如今热气球要比氢气球普及得多。我们在介绍热泡的那一部分看到，热空气比冷空气轻。用一只轰鸣的喷灯加热气球中的空气，要比在其中充入氦气更便宜，虽然那声音相当嘈杂，会破坏一些悬浮在宁静乡村上空的情致。我曾经享受过三次气球之旅，有一次是和一个电视摄制组作伴。当时我们的下方是英格兰的几座乡村教堂，我的任务是在气球飘过它们的塔楼和尖顶之时，对其中传出的温柔迷人的晚祷侃侃而谈。不出所料的是，拍摄只能在丙烷喷灯轰鸣喷发的间隙进行。

职业气球飞行员的圈子似乎很小。我的第三次，也是最难忘的一次气球飞行是在缅甸，巧得很，那一次的飞行员正好就是之前我和那个摄制组在英格兰的宁静乡间飞

182

第 9 章
## 比空气更轻

越教堂时的那一位。在缅甸，我们飘过了一片壮丽的风景，下方是蒲甘平原，数千座佛寺和佛塔笼罩在清晨的薄雾之中。这是有生之年值得一看的风景。

气球不像飞艇，很难控制方向。飞艇相当于大型气球，但下面挂着船舱，还有螺旋桨驱动它们在水平方向飞行。飞艇能够被操纵，所以才有"dirigible"这个名称，它的意思就是"可驾驶的"。早期的气球设计使用了船上的驾驶设备，包括帆、舵、橹和桨。我认为那就是最早一批的飞艇，但是看着它们，我又觉得它们不像是能驾驶的样子（见图9.1）。

对一只简单的气球，你能控制的只有你的高度。你可以试着升到某一高度，看那里是否正巧有你希望的风向，但这是一种纯看运气的驾驶方式。为了增加氢气球或氦气球的高度，你可以扔掉一些你在吊篮里精心备下的压舱物（比如沙袋）。如果是一只热气球，你可以打开丙烷喷灯，给气球快速充气上升。如果要下降，你就拉一根绳子，以此打开气球顶部的一个气孔，放掉一些热空气或者氢气和氦气。令人惊讶的是，气球对重量的微弱变化竟如此敏感。在使用压舱物时，你只要扔掉很少一点就能获得一定的高度。因为气球是一种"浮升器"，与周围空气保持着均衡。这是什么意思呢？

图 9.1 可驾驶的鱼形气球

这是气球演化到飞艇的中间环节？

# 第 9 章
## 比空气更轻

大气的密度会随高度而降低，因此大气中会存在某个临界高度，在那里气球的受力完全均衡，可以悬浮在空中。一只气球如果低于它的均衡高度，就会上升；如果高于均衡高度，就会下降。扔掉沙袋（或者点燃喷灯），就能起到改变气球"首选"高度或者说均衡高度的效果。比如说，气球飞行员有时会使用一款简单而灵巧的装置来自动调节气球的高度，但这只有在气球接近地面时才有效果，那就是在吊篮外垂一根长绳或者"牵引索"。这根绳子重量虽轻，却很重要。当气球高度很低时，绳子大部分都在地上，因此其重量并非气球净重的一部分。而当气球上升时，牵引索中更长的一段会离开地面，它的重量会拖着气球下沉一些。就这样，牵引绳自动调节着气球的高度。这是我没有想到的——我想当然地认为轻飘飘的一根绳子起不到什么作用，但它恰恰证明了一部轻于空气的机器是多么敏感的浮升器。1937 年那可怕的一天，就在巨型飞艇"兴登堡号"即将在新泽西上空爆炸时，它沉到了它的理想高度以下。影片显示，船员们急切地扔掉盛水的压舱物，想要使飞艇上升，但相对于飞艇的规模来说，那点水实在太少了。当让 - 皮埃尔·布朗夏尔（Jean-Pierre Blanchard）1785 年首次乘气球飞越英吉利海峡时，他和他的美国同伴曾经出于同样的目的，将身边的一切都扔出了那只小船形状的美丽吊篮，就连身上穿的衣服也扔了（见图 9.2）。

我在上面提到了我以前的导师，那位不苟言笑的"大笑约翰"·普

林格尔以及他对昆虫的振荡式飞行马达的研究。正巧他也是一名优秀的滑翔机飞行员，因此对于浮空还是略知一二的。还有在他之前担任牛津大学林纳克动物学教授的阿利斯特·哈迪爵士（Sir Alister Hardy），这位笑容满面的教授在 20 世纪 20 年代是一个气球迷。哈迪写过一本令人愉快的小书，叫《和威洛斯一起过周末》（*Weekend with Willows*），书中写到四名年轻绅士参与了一次跌宕起伏，乃至充满危险的气球之旅，他们从伦敦出发前往牛津，操纵气球的是著名飞艇驾驶员和设计者欧内斯特·威洛斯上尉（Captain Ernest Willows），他的驾驶风格有些鲁莽，后来在一次悲惨的气球事故中身亡了。他们的气球是靠煤气升空的，哈迪描写了这一行人最初如何在伦敦找到一家煤气厂，并且为他们的气球充进了必需的煤气。他们中有一位是哈迪的朋友尼尔·麦金托什（Neil Mackintosh），他写了一首 426 行的史诗，这首诗使这次从伦敦到牛津的飞行旅程流传至今。我只引用其中的 7 个对句，从中可以看出他的机智，还有这次远行的冒险精神——在我看来，那也是维多利亚时代的滑稽

---

⊙ 图 9.2 为了保命脱衣服

布朗夏尔于 1785 年成功飞越英吉利海峡。但当时气球曾经一度坠落，十分危险，他和同伴只得从乘坐的小船中扔出一切能扔掉的物品，就连他们的衣服和船桨都扔掉了。

小说《三怪客泛舟记》所体现的精神，那部小说里也有一群相仿的年轻男子，他们带着一条叫"蒙莫朗西"（Montmorency）的狗逆着泰晤士河前往牛津。

当气球飞至伦敦和牛津中间的某处时（哈迪和他的朋友们也不知道具体是哪里），雾气中隐隐现出了一样东西……

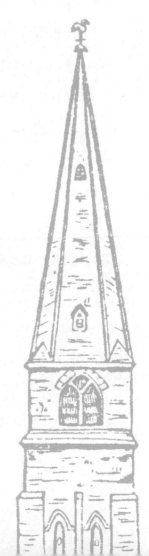

那是一个令人始料未及的致命陷阱，

险些导致一场严重灾祸。

在这里"严重"二字恰如其分，

因为我们差一点没能看到，

那从黑暗中浮现的东西，

在一片墓碑和墓室的围绕之下，

一座教堂在丘陵上赫然矗立，

它的尖顶极高，几乎触到了天空。

我们恐惧得冷汗直流，

生怕自己被那塔尖刺穿，

压舱袋被匆匆抛下，

教堂的墓地接住了一点黄沙，

好在它接住的不是几具血肉模糊的尸体，

不然这故事你就听不到了。

## 第 9 章
## 比空气更轻

我们刚刚说到，气球的缺点是不能被操纵。当你坐上气球时，永远不知道自己会在哪里降落，所以必须有一队气球回收人员开着车子在后面追你——这是我在牛津周围的乡村乘气球时亲身体验到的。在那次牛津郡的旅行中，我在返回地面时遭遇了惊险，就在气球将要落地时来了一阵强风，把我们吹偏了，气球拖着我们颠簸地穿过一道树篱、两片田野，最后我们都从吊篮里滚落出来。和我们同乘一个吊篮的还有一位来访英国的日本教授，英语水平十分有限。当田野的主人匆匆赶来时，我们正站着掸掉身上的尘土。"你们是从哪里来的？"他兴奋地问道。日本教授从前就听过这个问题，知道该怎么回答。"嚯，"他毫不犹豫地答道，"我从日本来！"而阿利斯特·哈迪的时代就更加闲散随意了，不像我们还有后备人员、轿车和拖车。那时的气球飞行员会就近找一条地面的列车轨道，在它旁边降落。将气球装进帆布袋后，他们会示意列车停下，列车的司机也真的会停下，并放他们上车，被延误的乘客们肯定觉得既困惑又开心。

我在本章开头说过，人类之外的动物好像没有一种演化出了和轻于空气的气球相当的体格。小型蜘蛛和毛虫会做一件被称为"放气球"（ballooning）的事。这件事也被称为"放风筝"（kiting），其实这个名字更好，因为它无关乎动物的身体是不是轻于空气。那些蜘蛛会分泌几条丝线，其作用类似风筝，能兜住风并将小小的蜘蛛拉到空中。有些小蜘蛛寄居在所谓"大气浮游生物"中间飞行数百英里，那些生物我们将在第 11 章介绍。有证据表明，这些放气球的蜘蛛在起飞时会从地球的静电场中获得部分升力。你在自己身上就能观察到静电。拿一片塑料在头发上摩擦，接着你会发现这片塑料能吸附小物体了，比如小纸屑。这不是磁力，虽然看起来与磁力很像。这是静电。有些小蜘蛛就是利用这种静电飞上天空的。

那么真正的放气球是什么样的呢？真的有什么动物是靠比空气轻飘浮起来的吗？一只自然演化出来的气球，这好像也不是完全不可能，组成气球的那些元素在动物界中并非不存在。有些人造气球是用丝线织成的，而丝线的发明者里当然有蜘蛛，还有几种昆虫也发明了它，特别是我们称为蚕的毛虫。有些毛翅蝇的幼虫会用丝线织成陷阱，捕捉小的甲壳类猎物，这些陷阱不同于一般的蜘蛛网，形状很接近气球。总之，丝线纺织是现成的技术（见图 9.3）。可是，动物又能用什么气体来充满这种气球呢？我们很难想象有什么动物会演化出生产氢气的能力。有些细菌能生产氢气，有人讨论过将它们用于商业来制造燃料。动物会利用细菌在其他领域的专长，比如发光。另一种轻质气体甲烷也很容易在动物体内产生。奶牛会释放甲烷，这其实也是由它们胃里的细菌（及其他微生物）生产的，这些甲烷已经是大气的温室气体令人担忧的一大来源了。此外，腐烂的植物也会产生甲烷，这种所谓的"沼气"有时会燃烧形成"鬼火"。

至于热空气，动物产生热量的例子中有一个令我印象最深，那就是
日本蜜蜂在对抗进犯巢穴的大黄蜂时所使用的武器。这些蜜蜂会紧
紧地聚成球体，将大黄蜂团团围在中间。然后它们振动腹部，使包

图9.3 丝线编织

这只毛翅蝇幼虫用丝线织成的陷阱不是气球，但它证明
了动物能生产出气球所需的元素。

围圈内的温度上升至 47 摄氏度。这会将大黄蜂活活烤死。虽说蜜蜂也会烤死一些同伴，但这并不要紧：还有许多蜜蜂能顶上。不过，虽然放气球这个技术中的一个个元素，包括热量、氢气、甲烷和编织紧密的丝袋似乎都已经在自然界中演化出来了，但我仍不知道有任何一种动物将这些元素组合起来使自己轻于空气飞上天空，也有可能这种动物已经有了，只是我们还未发现它们？

☞ 水的密度比空气大得多，因此和轻于空气的飞行相对应的水中行为也比较简单和常见。我们每次游泳都是在做这个行为。在谈到浮潜时，康拉德·洛伦兹（Konrad Lorenz）就先回顾了小时候关于飞行的梦。我们的身体中本来就有一大部分是水，肺部的空气又使我们变得更轻。鲨鱼的身体比水略重，就像鸟在空中挥翅，它们也要不停游动才不会缓缓下沉。在本章中，硬骨鱼（相对于鲨鱼这样的软骨鱼）应该得到荣誉表彰，因为它们是实现精密控制的水压调节器，能熟练地改变自身的密度。在这一点上，它们就像可驾驶的飞艇，飞艇是实现精密控制的浮空器。我们在前文中看到，浮空器会在空中找到自己的高度，在那里，密度较小的气体提供的升力正好等于飞

行器和乘客的总重量。这时它就能均衡地悬停在空中了。一
条鱼也能做到同样的事，靠的是调节它的鳔。鳔是鱼类体内
深处的一只气囊，通过改变其中的气体含量，鱼类得以改变
自身的密度，由此上浮或下潜到一个新的深度，重新达到均衡。
这就是硬骨鱼在漂浮时如此轻松的原因。这也是在房间里放
一缸鱼能使人心情舒畅的一个原因。有了鳔，鱼类就只需要
消耗能够水平推进自身的能量。不同于飞行的鸟类，也不同
于鲨鱼，硬骨鱼无须消耗能量抬升自己。如果有一只充满甲
烷的空气鳔，鸟类也能做到同样的事，可是它们并没有这种鳔。

在动物界中，并不是只有鱼类才演化出了类似鳔的器官来调节
密度。墨鱼（虽然名字里有"鱼"，但其实并不是鱼，而是属于软
体动物，是鱿鱼和章鱼的亲戚）也能凭借在多孔的"骨头"中注入
或抽出液体来维持流体静力学平衡——墨鱼骨往往被喂给笼养的鸟
类补充钙质。

作为有用的飞行工具，轻于空气的飞行器也有巨大的局限，这
就是为什么可驾驶的飞艇在如今的天空中已经十分罕见了。现在它
们要么被用来娱乐观众，要么被用作广告宣传，已经没有了商业运
输的用途。即便是氢气这种最轻的气体，与空气相比

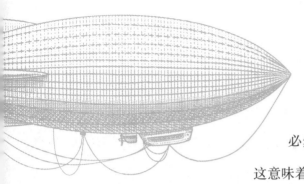

也还是太重，除非大量使用它们，否则工具无法将重物举到空中。盛放空气的气囊必然很大，其本身又必须轻盈，这意味着它一定会很薄，往往包含大量柔软的织物，只靠刚性或半刚性的骨架提供最小支撑。一团气体在压力下的稳定形状是球形，这就是为什么从蒙戈尔菲耶开始，大多数气球都是球形或接近球形。可是球形又不适合在空中快速飞行，所以由发动机推动的先进的飞艇，比如著名的齐柏林飞艇要做成流线式的雪茄烟形状。然而飞艇的形状越偏离稳定的球形，它的气囊就越需要坚硬的骨架的支撑来维持形状。骨架额外增加了重量，也使飞艇升空需要更多的气体，更不用说还要加上货物或乘客的重量了。而气囊的体积越大，飞艇前进时遭遇的空气阻力就越多。如果你向往的是速度，那飞艇根本无法与重于空气，并且靠水平运动获得升力的飞机相比的。

但是另一方面，由于不必消耗燃料获得升力，飞艇的运营确实很便宜。所以要是你不在乎速度（或许你运送的货物没有严格的交货时间），那么飞艇还是可

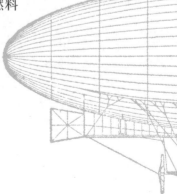

以一试的。但由于飞艇的最快速度如此缓慢（世界纪录也才每小时约 113 千米），它无法应付大型喷气式飞机在行进中遇到的那种逆风。它们或许还能更快，但首先要像巨型喷气式客机那样装两只大号发动机。而那种发动机极重，是不能靠浮空器的原理升到空中的。

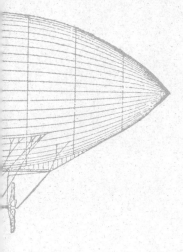

第 10 章

# 失重飞行

WEIGHTLESSNESS

你想飞吗，像鸟一样？

绕着世界下坠

宇航员感觉自己在飞，但他其实在自由下落。

198

现在我们来看看克服重力的最后一种方法——失重。从表面上看，这种方法只有人类会用，还得是掌握了先进技术的人类。如果你是国际空间站（ISS）上的一名宇航员，你就能享受美妙的飞行错觉。这些罕见的幸运儿比任何人都更接近达·芬奇的梦想。在这座空间站上，你不再有"上"或"下"的感觉，你的生活空间里没有哪个平面可以被称为"地板"或"天花板"，你像一个幽灵似的飘浮着。当你和一名同伴共进晚餐时（你或许得用一只牙膏管进食，因为食物会从盘子里飘走），你们在对方眼里或许都是上下颠倒的。从空间站的一个房间前往另一个时，你是飞过去的，一路上抓住扶手，将自己拉向前方。如果你从暂时被当作地板的平面上起跳，无论多么不用力，你都会"向上"飞升，让脑袋撞上"天花板"。如果宇航员要到外面去做维修，他们也会在舱外自由飘浮，还必须系上绳索，不然有飞离空间站的可能。他们就像一只气球般轻盈地飘浮着，或者像一条能完全控制鱼鳔的鱼。但和鱼不同的是，他们能够飘浮，并不是因为他们的密度与周围的介质相同，远远不是。在空间站内，他们周围的介质是空气，外面则接近真空，他们的密度比周围的哪一样介质都大。那他们为什么还能飘起来呢? 这里就要说到一个十分普遍的误解了，我们必须立刻做一番解释。许多人想当然地认为，宇航员失重是因为他们远离地球，因而逃脱了地球重力的主宰。这大错特错! 国际空间站离地球不远，比伦敦到都柏林的距离还近些，地球引力对它的牵引也几乎与在海平面上同样强烈。说宇航员"失重"，这意思是当他们站在一个体重秤上，体重的数字会显示为零。宇航员和体重秤都在舱室内自由飘浮，这造成人体不会对体重秤施加压力，于是他们的体重就是零了。

宇航员和体重秤、空间站和其中的一切，它们之所以飘浮，是因为它们都在自由下落。它们在一刻不停地下落，下落着环绕地球。重力仍然作用于它们，将它们拖向地球中心。但与此同时，它们又在绕着地球快速飞行。它们飞得太快，以至于下落时总与地球错过。这就是在轨道上运行的意思。在轨道上运行的空间站飘浮的原因和处于空气动力学平衡的气球完全不同。气球是被周围空气的气压托起的，这是它不会坠落的原因。而轨道上的宇航员是会坠落的，他们始终在坠落。月球也始终在坠落，它已经坠落了 40 多亿年，它环绕着地球坠落，坠落在永恒的轨道之上。

气球飞行员失重吗？不，当然没有。他们的双脚牢牢地站在气球吊篮的底部，也不会像在轨道上那样随时从吊篮飘走。如果他们站在吊篮内的一台体重秤上，那上面仍会显示他们全部的体重。真正的失重是我们克服重力的最后方法，这种方法只有先进的人类技术可以达成。但是且慢！真有那么严格吗？再来想想下面的例子。

第一个进入轨道的宇航员是尤里·加加林，时间是 1961 年。在那之后，美国奋力追赶，也让艾伦·谢泼德（Alan Shepard）进入太空了，时间同样是 1961 年。谢泼德并未进入轨道，而是做了一次非常高的"跳跃"，高度超过 161 千米，最后掉回大西洋，溅起了一片水花。在这次飞行的加速阶段，谢泼德绝不是失重的。如果这时他坐上一台体重秤，读数将是他平时体重的 6.3 倍。这时的他也确实比平时重了 6.3 倍。但是在火箭发动机关闭之后，也就是在他上升阶段的大部分时间，以及在下降阶段打开降落伞之前，他和他的航天舱都处于自由落体状态。如果这时有一台体重秤在上面，它会显示出谢泼德在这次伟大的跳跃中的大部分时刻体重都为零。

我们现在回到人类之外的动物能否实现失重的问题上。我们的初步答案是否定的，因为没有哪种动物演化出了能达到轨道速度的火箭发动机。我们刚刚也看到，艾伦·谢泼德并未像尤里·加加林那样达到轨道速度。不过这两个人都做到了失重。现在再来想想那个众所周知的跳高健将——跳蚤，想想它和艾伦·谢泼德到底有什么分别。跳蚤没有火箭发动机，它只能运用肌肉。

☞ **顺便说一句**，有一件事不算重要但也相当有趣，那就是人类肌肉的运动不够迅速，无法提供突然的爆炸性加速，从而使你跳得像跳蚤一般高。跳蚤肌肉（肯定是慢肌）中的能量储存在一根弹簧里，其原理和弹弓、长弓或弩相同。一把弹弓射出的石块的速度远远超过拉动弹弓的手臂肌肉能够掷出的速度。当手臂拉开弹弓时，肌肉的能量储存在了拉开的皮筋中。跳蚤和蚱蜢等能够跳跃的昆虫一样，拥有一种叫作"节肢弹性蛋白"（resilin）的弹性材料。节肢弹性蛋白相当于弹弓的橡皮筋，但它又比橡胶优越，有着超强的弹性。跳蚤的肌肉会慢慢将节肢弹性蛋白拧紧，然后这根弹簧中储存的能量同时在双腿中释放，将跳蚤弹上高空。

根据数学理论，动物跳跃能够达到的绝对高度与它的体形无关。当然在现实中，动物之间还是有很大差异的，有一些像跳蚤和袋鼠（还有奥运会跳高运动员）擅长跳跃，还有一些，比如河马和大象（还有我），却并不擅长。一只跳蚤能跳大约 20 厘米高，这和一个立定起跳的人能达到的高度没有多大差别。然而按照身体比例换算，它这一跳却相当于一个人跳过了埃菲尔铁塔。另一个擅长跳跃的例子是跳蛛，这些迷人的小东西的跳跃方式是往空心的腿里疾速注入液体。虽然跳蛛的体形大于跳蚤，但它们跳跃的高度差不多，这也符合跳跃的绝对高度与体形无关的规律。

从理论上说，如果我们略去空气阻力之类的复杂因素，那么跳蚤或跳蛛在空中的轨迹就应该是一条优雅的弧形，数学家称之为"抛物线"（见图 10.1）。艾伦·谢泼德在空中的轨迹看起来很像一条放大版的跳蚤抛物线，区别是火箭在升空之旅的第一阶段始终在主动推进，而跳蚤在离开地面的那一刻就停止主动推进了。谢泼德的轨迹也比较复杂，一是因为他手动控制火箭实现了各种操作，二是因为他最后张开了降落伞。

"假设奶牛是球形，再假设它在真空里。" 这是一个善意的笑话，它挪揄了理论物理学家的习惯：将现实过分简化以使计算变得简单（这完全是一个合理的习惯）。让我们沿着这个笑话的思路，欣然忽略跳蚤和谢泼德面对的复杂因素吧。权且假设二者都跳出了一条优雅的抛物线，区别仅在于跳蚤的高度是 20 厘米，谢泼德是约 187 千米。跳蚤升空靠的是节肢弹性蛋白中储存的肌肉能量，谢泼德靠的是一枚火箭。二者都实现了失重，跳蚤失重的时间不足一秒，而谢泼德持续了几分钟。现在想象跳蚤站在一台微小的体重秤上。一台跳蚤大小的体重秤让人难以想象，但我们可以像物

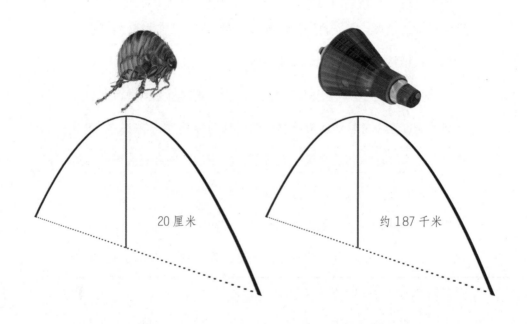

20 厘米

约 187 千米

图 10.1 艾伦·谢泼德的大跳跃

跳蚤幅度较小却仍令人惊叹的跳跃。二者都是抛物线，但又不是单纯的抛物线。

理学家那样来想一想。接着我们再次忽略空气阻力及其他复杂因素，于是那只跳蚤，连同它站在上面并一起自由下落的体重秤就会和自由下落的谢泼德具有一样的重量——零。

现在再在我们这个理论童话中引入加加林或是现代空间站。加加林在轨道上的失重和谢泼德或者跳蚤的失重并无不同。这不仅出现在抛物线后半段他们明显在下落的那一部分。跳蚤一离开地面就已经开始了坠落，虽然它的轨迹还在上升；火箭发动机一停止推动，艾伦·谢泼德也开始了坠落（轨迹同样是在上升）。这时二者都是失重的，只不过加加林的失重状态持续得久了一些。空间站中的宇航员的失重状态持续得更久，而月球的失重状态则持续了几十亿年。我们由此得出结论：宇航员并不是唯一靠失重克服重力的生物，就像歌里唱的那样，"就连受过教育的跳蚤也会"。

第 11 章

# 大气浮游生物

## AERIAL
## PLANKTON

像空气般自由地飘浮

　　为什么没有巨大的气球般的动物横扫大气浮游生物，就像鲸鱼在海里
做的那样？

在大气层高处，我们会遇到所谓的"大气浮游生物"。那是一个混杂的群落，包含了大量花粉、孢子、飞上天空的种子、柄翅卵蜂之类的微小昆虫、用丝线拖出小降落伞的迷你蜘蛛以及许多别的生物。我在前面已经提过"放气球"的蜘蛛，天上除了它们还有许多微小的动物、植物、真菌孢子、细菌和病毒。"浮游生物"这个名称当然是从海洋里借来使用的。就像一大片起伏的草原，海洋表层生活着大量微观植物，它们是单细胞的绿藻和细菌，靠吸收阳光产生光合作用，由此构成食物链的起点。浮游的微小生物吃下藻类，而它们自己被较大的生物吃下，较大的生物又被更大的生物吃掉。海中的浮游生物会开展所谓"垂直迁徙"：它们在夜间沉入深海，那里较为安全，白天再迁徙到表面，接收一切生物赖以生存的阳光。

我在之前提过我从前在牛津大学的教授阿利斯特·哈迪爵士，

还有他笔下的从伦敦到牛津的难忘的气球之旅。哈迪一生的主要研究对象就是海里的浮游生物。

☞ 哈迪发明了浮游生物连续记录器。这部仪器可以被拖行在一艘轮船后面，不必是专门的研究船只，任何轮船都可以。仪器中包含一条极长的丝带，它连续不断地从一个卷轴被输送到另一个卷轴。当海水流过丝带时，其中的浮游生物就会被缠在上面。事后查看丝带，人们就能算出各种浮游生物被缠住时在海里的位置了——但前提是知道轮船的速度和航线，当然还有丝带从一个卷轴被输送到另外一个时的速度。

在为本书收集素材时，我毫不意外地发现哈迪教授也曾经关注大气浮游生物，并和一名同事开展过研究。两人于1938年发表的论文是清晰写作的典范，文章平易近人，几乎像在闲聊，如今已经没有哪家科学期刊会接受这种风格了，可叹可叹。他们用两只风筝串起一张网来捕捉大气浮游生物。好玩的是他们还征用了一辆旧车作为研究设备，一辆20世纪20年代的牛鼻子莫里斯（Bullnose Morris）。驾驶这辆车子到达放飞场地之后，他们用千斤顶撑起后轴，然后拆掉一只后轮的轮胎，将轮毂作为收放风筝线的绞盘。后来又有别的研究者在飞机后面拖一张网，以达到相似的目的（见图 11.1）。

不同于海洋浮游生物，大气浮游生物算不上维持某条食物链的主要光合作用层，尽管其中也有可以开展光合作用的藻类和绿色细菌。在大气中浮游的植物把空气当成扩散的介质，用来扩散孢子和种子。你可能要问，它们有必要将种子传播得如此遥远而广阔吗？其中有一部分原因肯定是为了避免亲代和子代的竞争，但其中还有一个更微妙的原因，这个原因涉及一个有趣的数学理论，这个理论同时适用于植物和动物。我不想介绍数学运算的细节，而是会照例用文字来解说数学，不使用代数符号。

如果一种植物或动物已经栖息在了一个可能是周围环境中最好的地方，那么在同一个地方安置后代就有显而易见的优势。毕竟孩子们已经生在了一个尽可能好的地方，还有什么地方是比这更好的生命起跑线呢？但这个数学理论指出，一种动物（或植物）如果设法至少将它的一部分子代送到远方，那么从长久来看，它传下的基因将超过将所有子代都留在亲代身边的对手。这个结论普遍有效，即便"亲代身边"（目前）是世界上最好的地方，而"远方"平均而言比较糟糕。只要想想那些大型灾难，你就大概知道为什么会这样了：洪水和森林火灾偶尔会发生，这些灾难会摧毁"世界上最好的地方"。这类大灾当然是罕见的，也不会重点打击"世界上最好的地方"。但是只要回顾任何一个地方的历史，无论这个地方现在

图 11.1　阿利斯特·哈迪爵士研究大气浮游生物

　　这位海洋浮游生物的权威专家将目光转向了大气浮游生物，他撑起一辆轿车作为绞盘，并放了一对风筝到天上捕捉这些生物。

# 第 11 章
## 大气浮游生物

多么完美，你都会发现在过去某个时段，它曾经遭遇过一场大灾。

在思考演化时，我常常觉得在时间中回顾、追溯漫长的历代祖先是很有帮助的做法。将来我打算沿着这个思路写一本书，名字就叫《逝者的遗传之书》（*The Genetic Book of the Dead*）。每个活着的生物，无论动物还是植物，都是一代代成功的祖先传下的连续血脉中最新的一环。祖先们的成功是不言而喻的：它们因为活得够久成为祖先，而成为祖先又是达尔文对"成功"的定义。我用这个思路来解释为什么植物需要将自己的种子散播到远方，而不是只丢到亲代下方的土地上，以及为什么动物会把至少一些后代送去远行，就像克里斯托弗·哥伦布或者莱夫·埃里克松（Leif Ericson）那样，让这些后代去未知的土地碰运气。

成功的动物（或植物）可能和亲代生活在同一个地方，但它多半不会和十代祖先生活在同一个地方。它至少会有那么几个祖先是因为离开了父母的港湾，被送去未知的野外寻求好运而成功的。至于植物，"被送去寻求好运"或许意味着把种子托付给变化的风。

这些疯狂散播的种子大多掉在多石的地面上干死了，它们没能成为祖先。但是只要回首过去，我们肯定会发现任何生物都几乎有那么几位祖先在远离父母的地方开始了新生活，当意料之外的森林大火、地震、火山、洪水或与之相当的灾难毁灭父母的家园，它们却能够因为远离家园存活下来。这也是为什么植物将种子扩散到远方而不是简单就近播撒的一部分原因。动物也是如此，而大气浮游生物的产生，部分也是出于这个原因。

我已故的朋友和同行威廉·汉密尔顿（William Hamilton）因为对达尔文理论的精彩贡献而闻名于世。有人说他是 20 世纪下半叶最伟大的达尔文主义者。他的许多想法富有远见，如今已为各地的生物学家广泛接受。他还有一个较为次要的贡献，就是我刚才尝试解释的理论，这个理论的数学形式是他和我在牛津的另一名同事共同提出的。那名同事是澳大利亚人罗伯特·梅（Robert May），他由物理学转攻生物学，后来当上了英国皇家学会主席和英国政府首席科学顾问。除此之外，比尔·汉密尔顿（译注：比尔是威廉的昵称）还提出过几个大胆的建议，它们至今没有得到认真对待，听起来也几乎是狂想。其中的一个就是他关于大气浮游生物的非凡建议。

他认为，位于大气层高处的细菌和单细胞藻类等微生物能够促进雨云的形成。它们之所以演化出这种能力，是因为这有利于它们被带到远方的世界，然后随雨水降落到新的土地上开始新的生活。这是一个很难验证的想法，平心而论，也没有几个科学家把它当一回事。但我不认为它毫无价值，尤其因为在我看来，它极好地展示了我很久以前在一本同名书籍中提出的"延伸的表现型"。比尔向来以远超时代闻名，他常常是对的，因此他的观点绝对不能等闲视之。这个想法也启发了他的葬礼上的一次动人演说。

## 第11章
## 大气浮游生物

先来说说背景。在他去世之前的几年，比尔发表了一篇论文的两个版本，那照例是他的一篇奇文，题目叫《我计划的葬礼和我的理由》（*My Intended Burial and Why*）。他是这么写的：

> 我会在遗嘱里留一笔钱，用来将我的遗体运到巴西的森林去。遗体的放置要避开负鼠和兀鹫的破坏，就像我们保护小鸡一样。我的身上要铺满粪虹蜣螂，让它们进入我，掩埋我，以我的血肉为食，它们的孩子也将是我的孩子，我将由此逃脱死亡。我不会把自己交给蛆虫或肮脏的苍蝇，而是会像一只硕大的熊蜂在暮色中嗡嗡起飞。我将化身许多个我，甚至像摩托车车队般轰鸣呼啸。我将变成一具具飞行的身躯，展开后背上的美丽翅鞘，进入星空下的巴西荒野。到最后，我也会像一只紫罗兰步甲，在一块石头下闪闪发光。

在一个灰色阴沉的下午，我们一群哀悼者来到牛津附近，聚到了多年来开展生态学实地研究的怀特姆森林边缘，比尔挚爱的意大利伴侣路易莎·博齐（Luisa Bozzi）跪地致哀，并对他敞开的墓穴倾诉起来。在解释了为什么不可能遵照遗愿将他葬在巴西的森林之后，路易莎说了这样一番不同寻常的话：

215

比尔，如今你的遗体安放在怀特姆森林了，不过从这里出发你也能到达你钟爱的那些森林。你将不仅化身为一只甲虫，还会变成亿万个真菌和藻类的孢子，你将乘风去往高高的平流层，你的整个身躯都会化成云朵，在大洋上漫游，你会一次次降落，再一次次飞升，最终随着一滴雨水汇入亚马孙的雨林之中。

不久之后，路易莎自己也不幸逝世。但她诗一样的语言被镌刻在一张石凳上，石凳就放在比尔的墓旁。我前不久刚刚去过，我常常去那儿。比尔肯定会感激他一生挚爱的这位女士的这次美丽道别。也许乌云真的有金边，无论它们是否由大气浮游生物促成。

⊙ 图 11.2　眼界超群的比尔·汉密尔顿
我一生中遇到的最伟大的达尔文主义者。

比尔，如今你的遗体安放在怀特姆森林了，不过从这里出发你也能到达你钟爱的那些森林。你将不仅化身一只甲虫，还会变成亿万个真菌和藻类的孢子，你将乘风去往高高的平流层，你的整个身躯都会化成云朵，在大洋上漫游，你会一次次降落，再一次次飞升，最终随着一滴雨水汇入亚马孙的雨林之中。

第 12 章

# 植物的 "翅膀"

## 'WINGS' FOR
## PLANTS

"她不爱我"

每颗蒲公英的种子都小到能轻易起飞，它们靠小小的降落伞增加表面积。

除了少数例外，如捕蝇草和敏感的含羞草，大多数植物缺乏类似肌肉的器官。它们是无法移动的。然而植物又有一种散播种子，并与同一物种的其他成员交换花粉的强烈的需求（见第11章）。要做到这两件事，它们的首要媒介是空气。虽说植物不能真的飞到空中，它们却可以通过各种间接的方式做到与飞行等同的事情。因此本书也值得为它们写上一章。

　　蓟花的冠毛、蒲公英和许多其他种子都会随风飘荡。它们使用的一些飞行原理我们已经很熟悉了。每颗蒲公英或蓟的种子都很小，并带有一顶羽毛伞，这顶伞的表面积很大，能使种子飘浮很远的距离。悬铃木的种子比较笨重，在这里我们又看到了一种权衡。像蒲公英那样又小又轻的种子缺乏营养物质，不像较大种子那样在生长的开端就会比较顺利。悬铃木走的是另一条路。它们的种子较大，因此能够产生的种子的数量较少——给每一颗种子打包食物的成本太高，无法批量生产种子。较大的悬铃木种子必然要有较大的翅膀带它飞行，但也飞不了太远。悬铃木的种子看上去真的很像昆虫的翅膀，对吗？当然，这翅膀是不能拍打的，它只能乘着风，像小的玩具直升机似的旋转下降（见图 12.1）。

悬铃木和其他几种植物的种子都能像微型直升机般盘旋。但会飞的种子里最引人注目的或许还数翅葫芦（*Alsomitra macrocarpa*）。它的果实是一种葫芦，从中会发射出一串外形优美的滑翔机。每架滑翔机都有两片纸一样薄的翅膀，从中间的种子里伸展出来。它们

图 12.1　长翅膀的悬铃木种子
如果不告诉你，你会不会以为这是一片昆虫的翅膀？

图 12.2　翅葫芦种子

它们翩然飞过森林后降落。

在空中翱翔俯冲，优雅得如同任何一种热带蝴蝶（见图12.2）。也有些植物的种荚里装了弹簧，种荚会突然爆开，将种子以高速弹出。芹叶太阳花的种子就是如此，它们弹出后还会钻入地下，靠的是交替卷曲和舒展它们的"芒"——带状的结构。

许多植物都借助鸟类的翅膀（或哺乳类动物的腿）将种子带到远处。植物的毛刺有类似尼龙搭扣的小钩子，能固定在动物的皮肤或羽毛上被带到别处放下。果实长得美味就是为了被吃掉，但它们的目的不是让吃掉它们的动物开心。种子被设计成能穿过肠道从另一头出来，并带走大量粪肥。但并非所有吃果实的动物都符合植物的心意。鸟类长了翅膀，很可能将种子带到远处抛下，这对植物多半是件好事。这也是颠茄的浆果能毒死大多数哺乳动物，鸟类吃了却没事的原因。

花粉也需要扩散，这是为什么？因为避免自交很重要。有性生殖究竟有什么好？这是科学家反复争论的一个辩题。为什么大部分动物和植物都要将自己的基因与异性的基因混合？它们为什么不像雌性蚜虫和竹节虫那样，不去操心什么雄性和交配，而是直接制造自己的副本？你或许认为这些问题的答案显而易见，但我向你保证，绝非如此。无论有性生殖的理由是什么，那都必定是一个强大的理由，因为几乎所有动物和植物都会开展有性生殖，虽然它代价巨大且耗费时间。要是只和自己交配，你就会破坏一个宏大的目的，无

# 第 12 章
## 植物的"翅膀"

论那目的是什么。这就是为什么植物，包括同时具有雌性和雄性器官的雌雄同体植物，会不遗余力地将自己的花粉传授给别的植物，而且不惜从空中传授。因此花粉像种子一样也必须飞行。

花粉要飞，最简单的方法是被风吹起。花粉颗粒很小，因此就像第 4 章所说的，一阵微风就能使它飘浮。但是这种方法又相当浪费，一颗被风吹起的花粉必须运气极好才能找到合适的雌性器官，也就是同物种另一植株的柱头。实现这一点的概率很低，要弥补这一不足就得喷出数百万颗花粉，形成一片云雾。这正是许多植物的做法，这样做的效果也很好。

那么除此之外还有没有不那么浪费的做法，能不能换一种方式解决传粉的问题？你或许立刻想到了一个法子：植物可以为花粉制造一架小飞行器，一辆安了翅膀的微型战车。这辆战车要具备某种感觉器官，用来寻找同一物种的其他植物。它还要有一个小小的脑子和一套神经系统来控制翅膀，以便将这辆载着花粉的飞车开到正确的目的地。好吧，这个想法不坏，而且可行。但何必多此一举呢？空气中本来就布满了小小的飞行器，像是蜜蜂和蝴蝶，或者蝙蝠和蜂鸟。它们已经拥有功能完备的翅膀，这些翅膀由肌肉驱使，受大脑控制，还拥有能够发现目标的感觉器官。植物要做的只是找到一种方法利用它们：把昆虫骗过来拾起花粉，再劝服它们将这些珍贵的货物送去它们该去的地方。

也许"利用"并不是一种恰当的说法。为什么不能创造一种合作关系，使双方都受益呢？要不为昆虫的服务支付一点什么？就付给它们飞行燃料——花蜜吧。当然了，植物不会坐下来和昆虫协商条件："你帮我运花粉，我给你花蜜，在这儿签名吧。"事实是那些有生产花蜜的遗传倾向的植物刚好得到了达尔文式自然选择的青睐。于是，当蜜蜂受到花蜜的吸引带走花粉颗粒时，生产花蜜的基因也随之遗传下去。我要补充一句，生产花蜜是很昂贵的，花朵为它们雇来的翅膀支付了不菲的费用。

在吸吮花蜜时，昆虫会无意间拾起身上沾的花粉。当它们飞到别的植物上吸吮更多的花蜜时，花粉又会蹭到那些植物的柱头上。能传粉的当然不止蜜蜂和蝴蝶，蜂鸟也爱吸食花蜜，还有欧亚大陆

226

# 第12章
## 植物的"翅膀"

上和它们对应的动物食蜜鸟，而甲虫和蝙蝠是部分植物的传粉者。总之任何长翅膀的动物都可能被植物借用。

蜜蜂、蝴蝶、蜂鸟和其他传粉者为什么能找到花蜜？因为自然选择偏爱会做宣传的植物。"快来呀，这里有花蜜哟。"花朵的宣传手段之一是诱人的香气：其中有许多香气我们人类也觉得好闻，比如蔷薇和百合。另一些气味就未必如此了，有些花专门吸引某些蝇类，这些花闻起来就像烂肉。

蝙蝠也有翅膀，而且有的蝙蝠也喜欢花蜜，因此有植物专门雇用蝙蝠的翅膀在夜间为自己传粉，这也就不足为奇了。但由于蝙蝠是靠回声定位而非光束来寻找物体，要开展宣传引它们注意，植物就必须吸引它们的耳朵而非眼睛。古巴雨林中有一种攀缘植物叫 *Marcgravia evenia*，属于蜜囊花科，它长着碟形反射器一般的叶片。这种"碟形反射器"的特点在于它能为许多方向的回声充当强大的信标。对一只生活在回声世界里的蝙蝠来说，这些碟形的叶片大概像一块明亮的霓虹灯招牌那样"闪闪发光"。

奇妙的是，有证据表明花朵和蜜蜂都会产生电场，当有蜜蜂靠近花朵时，两者电场的交互会将蜜蜂引向目标。甚至有证据指出，静电会使雄性花器上的花粉吸附到蜜蜂身上，而蜜蜂身上的静电会再将花粉通过斥力转移到雌性花器上。

图 12.3　传说中纳齐苏斯爱上了自己的倒影，死后化为水仙花

他会怎么看待水仙花在昆虫眼里的样子呢？毕竟昆虫才是这些花朵的目标观众。

我们看到的水仙花（01），在紫外灯的照射下会显现出我们无法看到的斑点（02），还盖上了一层静电尘（03）。其实在一只昆虫眼里，任何水仙花大概都只是一片闪光，就像频闪仪，而不会是我们看到的五片花瓣的样子。

第 12 章
## 植物的"翅膀"

不过,花朵主要还是吸引传粉者的眼睛,昆虫具有良好的色觉,鸟类也是。它们能看见我们视力范围之外的颜色,即紫外线,而花朵正是利用了这一点。许多花朵的图案、条纹和斑点都只能在紫外光下显现。昆虫看不见红色,但鸟类可以。因此,如果看到一朵鲜红色的野花,你多半可以猜测它想吸引的是鸟类。一片长满野花的草地是蜜蜂和蝴蝶的皮卡迪利广场或时报广场,那些五彩斑斓的花朵就是草地上的霓虹灯招牌。花朵的色彩和香气都经过了人类园丁的强化,这些园丁扮演着选择者的角色,就像一只只巨大的蜜蜂。

雇用蜜蜂、蝴蝶和蜂鸟的翅膀能够精确地传粉,这胜过让种子随风播种。从一朵花里钻出来之后,蜜蜂会带着满身花粉径直飞向另一朵花。但是第二朵花未必和第一朵同属于一个物种。有什么更好的方法来匹配吗?一朵花要怎么做才能确保它的花粉被带到同一物种的另一朵花上?有什么办法可以减少昆虫"多情"的行为,并鼓励它们只对一种花朵"忠贞"?办法是有的,花朵在它们的彩色花瓣里藏着几手高招。无论是什么品种的植物,它的大部分花朵都是同一个颜色。而昆虫在拜访一朵花后,往往会接着拜访颜色相同的另一朵花。这就能稍微降低花粉被错误传给另一种花的概率。但也只是稍微罢了,除此之外还有别的办法吗?

有些花朵将花蜜储藏在一根长管子的底部,这样就只有舌头极长的昆虫或者是喙极长的蜂鸟才能够到了。南美洲的刀嘴蜂鸟的喙比身子还长，长到了无法梳理大部分羽毛的尴尬地步，那一定相当不方便。而且可能还不只是不方便而已，就像我们在第5章看到的，鸟类会花大量时间梳理羽毛，说明梳理羽毛对它们的生存有重要作用。一只不能梳理羽翼的鸟可能会发现自己的飞行能力会受到损伤。这样看来，蜂鸟会长出这样的一根长喙，一定是有格外强烈的需求。这张非凡的刀嘴似乎是与一种名叫"*Passiflora mixta*"的西番莲共同演化出来的。这种花朵有一根特别长的花蜜管。粉色的花瓣凸显了花蜜管的入口，但管子延伸得极深，只有刀嘴蜂鸟才能吃到花蜜。这些花朵认定了（你知道我这是拟人的说法）只有刀嘴蜂鸟会来采蜜，也认定了刀嘴蜂鸟会接着去采同一物种的另一朵花。鸟和花是彼此忠实的伴侣。这样花粉就不会因为被传给了另一个品种的花而浪费了（见图12.4）。

还有一个与之相似的绝妙例子，其主角是一种蛾。1862年，当查尔斯·达尔文在写那本关于兰花的著作时，有一位贝特曼先生（Mr. Bateman）给他寄了一些样品，其中包括马达加斯加的一种兰花——大彗星风兰（*Angraecum sesquipedale*）。"*sesquipedale*"在拉丁文中的意思是"一英尺半长"。这种兰花有一根非同寻常的花蜜管，它真的能长到这个长度。在给他的朋友、植物学家约瑟夫·胡克（Joseph Hooker）的信中，达尔文写道："老天，到底什么昆虫才能吸到它的花蜜？"接着他大胆预言："在马达加斯加的某处肯

图 12.4 确保传粉者忠贞的极端措施

西番莲科的 *Passiflora mixta* 将花蜜储藏在长管道的末端。它认定了只有刀嘴蜂鸟能吮到花蜜，并带着它的花粉飞到同一品种的另一朵花上。它只雇了刀嘴蜂鸟这么一名传粉者。

定有一种蛾，它的舌头长得极长，能深入这种兰花的花蜜管。"达尔文于 1882 年逝世，在 25 年之后，马达加斯加的一位昆虫学家发现了非洲长喙天蛾（*Xanthopan morganii*）在当地的一个亚种。这种蛾的舌头能伸长到 30 厘米，它成功应验了达尔文的预言，也应了它的亚种名——*praedicta*（意为"预测"）（见图 12.5）。

有些花朵，特别是兰花，会千方百计勾引昆虫为自己传粉。我说"勾引"一点也不夸张。蜜蜂兰的外形很像蜜蜂，不同物种的蜜蜂兰对应了不同的蜜蜂物种。上当的雄性蜜蜂会试着与兰花交配。随着它们笨拙的尝试，花粉会沾到雄蜂身上，并随着雄蜂飞上另一朵雄蜂尝试交配的兰花。兰花不但会蒙蔽昆虫的眼睛，它们中的一些还会释放信息素，那是一种气味强烈的化学物质，雌性昆虫用它来引诱雄性与自己交配。有一些兰花会模拟蝇类，还有一些则模拟各种胡蜂。不同于其他的花朵会支付传粉者报酬，模拟昆虫的兰花不生产花蜜，这些兰花只会用色相来欺诈昆虫，让它们免费为自己服务。

如果大部分花粉去不了它们该去的目标，靠风散播花粉是一种浪费，那么本章的兰花就代表另一个极端了：它们有一剂"灵丹妙药"，能以最少的浪费完成传粉。将这剂灵丹妙药发挥到极致的是铁锤兰，它们是铁锤兰属（*Drakaea*）下十个物种的统称，都生长在澳大利亚西部。这十个物种中的每一种都由专门的一种胡蜂来传

图 12.5 "老天,到底什么昆虫才能吸到它的花蜜?"

这个问题的答案(可惜达尔文死得太早,没能亲眼见证)是预测天
蛾(*Xanthopan morganii praedicta*)。

粉，它们的花粉不会因为错投给另一个物种的雌蕊或者丢失而浪费掉。每一朵铁锤兰上都长了假的"雌蜂"，它位于一条"手臂"末端，这条"手臂"还有一只转动的"手肘"。铁锤兰还会分泌一种化学物质，模拟对应物种的雌蜂引诱雄蜂时的体香。这些雌蜂都没有翅膀，它们通常的习性是爬到一株植物的茎的顶部，然后守在那里，用气味吸引长翅膀的雄性。被引来的雄蜂会抓住雌蜂，将它揽进怀里带走，然后一边飞行一边交配。雄蜂会试着与铁锤兰的假雌蜂做同样的事：抱住"它"并尝试带"它"飞走。雄蜂狂乱的振翅动作将自己推向上方，而假雌蜂则毫不妥协，不肯撒手放开植物。铁锤兰的那条"手臂"倒是在"手肘"处弯起，带着雄蜂一次次重重撞向花粉块（兰花将花粉包装成一个个分散的团块，被称为"花粉块"）。数次撞击之后，花粉块脱落下来，粘到雄蜂背上。雄蜂终于放弃，不再试着将"雌蜂"扯脱，而是飞走找别的对象碰运气去了（真是不长记性啊）。好戏又上演了，雄蜂再次撞来撞去，这次花粉块从他背上脱落，粘到第二朵兰花的柱头上。于是传粉完成，雄蜂辛苦了半天一无所获（也许收获了痛苦，见图 12.6）。

　　另一类掌握了灵丹妙药的兰花是吊桶兰（*Coryanthes*），生长在南美和中美洲。它或许是所有花朵中最复杂的一类。通过共同演化，它和一类闪光的小型绿色蜜蜂建立了非常亲密的关系，那便是所谓的"兰花蜂"。雄性兰花蜂用一种信息素吸引雌性——那是一

种特别的性激素、一阵催情的芳香。但这种信息素靠雄蜂自己是做
不出来的。信息素的成分由吊桶兰代为生产，它们生产出一种蜡质
原料，让这些蜜蜂储存在腿上几个海绵状的口袋里，之后用来吸引
雌性。当雄蜂飞到兰花上收集调制催情药所需的蜡质原料时，它们

图 12.6 铁锤兰的柱头上洒满了花粉

这是一部近乎不可思议的精巧装置，能够确保花粉被投递给恰当的目
标。雄蜂"觉得"自己找到了一位佳偶，想抱起它一同飞走，结果却是在
花粉上反复撞击。

很可能会掉入兰花的"吊桶"，桶里盛着一种液体。雄蜂在液体中游泳，试着爬出水桶，而它发现出去的唯一途径是一条狭窄的隧道。当它挣扎着爬过隧道时，两个花粉块便会粘到它的背上。最后它终于挣脱，带着花粉块一起飞走。但吃亏没有使它长记性，它又飞入另一朵兰花，再次掉进吊桶，并再次挣扎着爬过隧道。这一次，花粉块在它挣扎时被蹭了下来，第二朵兰花由此受精。

☞ **顺便说一句**，这里涉及一个有趣的问题：植物为蜜蜂的信息素生产重要成分，这种配置是如何演化出来的？我猜想最初兰花蜂的祖先是自己生产信息素的，后来吊桶兰渐渐接过这个任务，这个过程是逐步发生的。

但是我心目中终极的灵丹妙药，还要数无花果和无花果小蜂的亲密关系。我在另一本书《攀登不可能的山峰》（*Climbing Mount Improbable*）中用整整一章讨论了这种关系。我在这里只简单说一句：世界上有900多种无花果，几乎每一种都有自己的无花果小蜂，专门为它传粉。还有什么比这更灵、更妙的呢!

总之，植物靠翅膀传播它们的DNA，就像翅膀的拥有者也用翅膀来传播自己的DNA。然而植物的翅膀是借来的翅膀，是从昆虫、鸟类或蝙蝠那里借来（或雇来）的。如果你想问有没有借翼龙传粉的花朵，我也想知道这个问题的答案。我不知道答案是什么，但我很喜欢这个问题，喜欢它在脑海中唤起的画面。这是可能的，因为花卉是白垩纪演化出来的，当时还栖息着许多翼龙。

严格地说，真菌不算植物。它们自成一派，相比植物，在亲缘关系上它们其实更接近动物，但它们又不会像动物那样移动。真菌和植物一样无法移动，有时会觉得借昆虫的翅膀一用很方便。对它们来说，要让昆虫携带的不是种子和花粉，而是孢子。有些蘑菇在黑暗中发出绿色幽光，光芒引来昆虫，昆虫可能会散播这些真菌的孢子，使之受益。

第 13 章

# 演化的和经过设计的
# 飞行器有何不同?

## DIFFERENCES BETWEEN
## EVOLVED AND DESIGNED
## FLYING MACHINES

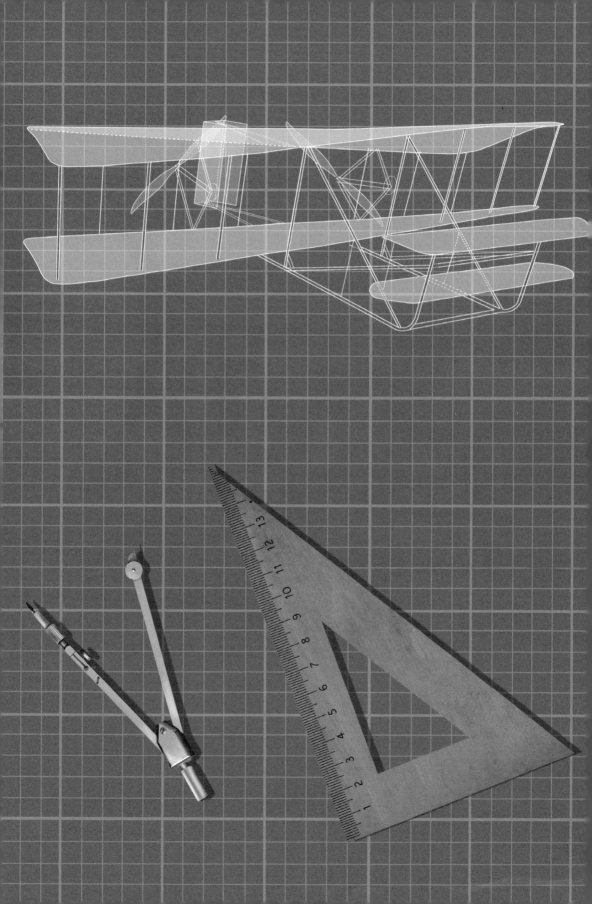

回到绘图板前

　　顺带说一句，伟大的演化学家约翰·梅纳德·史密斯年轻时做过飞机设计师，后来才决定重返大学念生物学。

本书考察了大约 6 种（具体看你怎么数）离开地面停留在空中或者说克服重力的方法。在每一章，只要可能，我都会将人类设计的飞行器和对应的飞行动物对比。但是对这两者来说，在离开地面一事上不断进步的过程是截然不同的。动物通过数百万年缓慢、逐步的改进成为"飞行器"，并随着世代的更迭越飞越好。而人类造出越来越好的飞行器是通过在绘图板上推陈出新，这种进展以年或十年为单位，而非数百万年。这两种模式导致的最终结果常常相似（这也不足为奇，因为两者需要解决的问题都是同样的物理学问题）。这两种结果相似到我可能使读者产生了一个错误印象，即它们是以同样的方式产生的。接着我就来纠正一下这个错误。

每当面对一个问题，比方说如何避免飞行器失速时，一个方便的做法是思考"我如何着手解决这个问题？"。对人类制造的飞机而言，负责设计的工程师们的确是这样想的。他们发现一个问题，然后设想可行的解决方案，比如加上前缘缝翼。他们在绘图板上勾勒出想法，也许他们还会待在一起，用白板或装了绘图软件的电脑，开一场思维碰撞的会议。他们可能会做几台原型或者做几个标度模型放到风洞中验证。最后脱颖而出的方案再拿去生产。整个研发过程只需要几年，甚至更短的时间。

但是对于动物，这个过程却不相同，而且还慢了许多。动物的"研发"（暂且这么说吧）绵延许多代，持续数百万年。其间没有想法的介入，没有聪明的创意，没有刻意的巧思，也没有创造性的发明。动物没有绘图板，不是产生思维碰撞的工程师，也没有风洞来测试原型或标度模型。有的只是群体中的一些个体，借由遗传上的好运（突变或是有性生殖的基因重组），恰好在某些方面比平均水平稍好了一些。比如在飞行方面。或许突变的基因会让一只隼拥有速度上的一点优势，于是遗传了这个基因的隼就在捕猎时稍微容易了一些。或许是一只突变的椋鸟比鸟群中的同类竞争者灵活了一些，结果它躲过了猎食者，而同类竞争者被吃掉了。当一只椋鸟因为携带"慢飞基因"而被吃掉的时候，这个基因也跟着被吃掉了，不会遗传给下一代。又或许有某个基因型因为翅膀形状的一点微妙不同，失速的概率比同类稍低了一些，于是它们的生存概率也稍高了一些，并因此在繁殖中将那几个令它们的飞行水平略高于同类的基因传递下去。慢慢地、逐步地一代传一代，这几个善飞基因在种群中越来越多。而不善飞行的基因变得越来越少，因为携带这些基因的动物要么死亡概率高了一些，要么没能成功地繁殖。

这样的事情随时在种群内的不同基因上发生，每一次都对飞行产生了独特影响。那么当善飞基因在种群中积累了许多代、数百万年之后，我们看到了什么？我们看到的是一个非常善于飞行的种群。它在飞行的所有细枝末节上都做了优化，包括防失速装置、神经对肌肉的敏锐控制，从而使翅膀能调整形状应对风涡和上升气流的细微变化，这种调整也包括长出更加高效、更不容易疲劳的翅膀肌肉。翅膀和尾巴演化出了适当的形状和大小，每一个细节都恰到好处，就好像有一名人类工程师在绘图板上优化过设计，并且还在风洞里验证过一样。

无论是人类的设计还是演化的设计，成品都是那么优秀，那么善于飞行，甚至让我们忘记了这两个改进过程有多么的不同。这种遗忘也体现在我们的语言里。你在本书中肯定注意到了，我使用的是一种简单扼要的语言。在我笔下，仿佛鸟类和蝙蝠、翼龙与昆虫都采用了和人类工程师一样的方法解决飞行问题；仿佛是鸟类自主解决了那些问题，而不是通过达尔文式的自然选择。这种简略很方便，其中有一部分原因是它确实简洁：我不必每次都对自然选择的原理详加说明，由此省下了许多字数。它之所以方便还有一个原因，那就是你们和我都是人类，我们都知道人类面对一个问题时是什么感觉，也能够想象解决一个问题是什么感觉。

我们很容易认为演化和人类设计之间的相似之处不止于此。我们或许会认为，工程师的新想法，比如一套防失速装置，可能和基因突变相当接近。这种"思想突变"接着要经历类似自然选择的过程，当发明者迅速意识到一个想法不能实现时，这个想法就可能立即死亡。又或许这个想法会在做成原型之后在初步测试中失败或者在计算机模拟、风洞试验中失败，并因此被抛弃。在风洞试验中失败是比较无害的，没有人会因此丧命。而对飞行动物来说，自然选择就比较残酷了：失败就真的意味着死亡。它们的失败未必是在撞击中丧命，可能是因为设计缺陷导致飞得太慢，没能逃过猎食者；也可能是无法熟练地捕捉飞行的猎物，从而增加自己饿死的概率。演化不像风洞试验，它没有代替死亡的温和一点的方案。一旦失败就意味着彻底失败：你的下场是死亡，即便不死也会绝后。

但是再仔细一想，我倒是记起了许多鸟类物种的幼崽是会练习飞行的——我们可以把这看作一种嬉戏。要等练熟了之后，它们才会认真地飞入空中，也许这就是鸟儿的风洞试验：不危及性命的试飞和纠错，这种练习不单是要强化翅膀的肌肉，多半也能改善幼鸟的协调性和飞行技能。我们发现许多鸟类幼崽都做着类似练习的事：一边拍打翅膀，一边不停地上蹿下跳，这无疑是在锻炼飞行肌，很

## 演化的和经过设计的飞行器有何不同?

可能同时也在磨炼飞行技能(见图 13.1)。

演化设计和工程设计还有一个区别(也可以说是同一个区别的另一方面,就看你怎么想了)。当工程师思考一个新的设计时,他们可以在一块绘图板上从零开始。弗兰克·惠特尔爵士(Sir Frank Whittle,公认的喷气发动机的发明者之一)不必采用已有的螺旋桨发动机,不必从螺丝和铆钉这样的细节开始修改它。试想如果惠特尔不得不对一台螺旋桨发动机零敲碎打地逐步改进,那么他做出的第一台喷气发动机将会非常混乱。惠特尔并不会这么做,他完全从头开始,全部准备只是全新的想法和绘图板上的一张白纸。演化却不是这样,演化只能一小步一小步地修改之前的设计,其中的每一步都至少要延续到生物繁殖的年纪。

但另一方面,这也不是说演化就只会在刚好有相同功能的已有器官上做零碎修改。继续沿用我们的类比,如果将演化看作弗兰克·惠特尔,那么他未必要一小步一小步地修改螺旋桨发动机。他可以从现成的飞机的其他部分着手修改,比如机翼上的一处凸起。但演化毕竟不能回到零点,它不会像人类工程师那样,在一块一干

● 图 13.1 熟能生巧

雪鸮父母(较大的是母亲,较小的是父亲)看着孩子练习飞行。

二净的绘图板上作画。它仍然必须从有生命、会呼吸的动物的某一部位着手，之后的每一个环节也都得是有生命、会呼吸的动物，并且这些动物至少要活到能够繁殖的年纪。比如我们很快会看到，昆虫的翅膀最初可能是晒日光浴用的，被当作经过改造的"太阳能电池板"，而没有被当作翅膀的雏形。

关于人类技术中的创新是如何发生的，有两派思想。这使我想起了现代演化理论中的两派思想。关于人类的创新的理论，有一派是"孤独天才论"，另一派是"逐步演化论"，我的朋友马特·里德利（Matt Ridley）在他的著作《创新的起源》（*How Innovation Works*）中就支持后者。"孤独天才论"认为，本来谁也没有想到什么喷气发动机，直到弗兰克·惠特尔横空出世。但是你注意到了吗？我在上面谨慎地写道，惠特尔是公认的喷气发动机发明者"之一"。惠特尔于1930年注册专利，1937年造出了第一台能够运转的发动机（还未装在飞机上）。除他之外，德国工程师汉斯·冯·奥海因（Hans von Ohain）也于1936年申请专利，世界上首架成功起飞的喷气式飞机其实安装的是奥海因发动机的亨克尔He178（Heinkel He178）。亨克尔He178升空是在1939年，比安装了惠特尔发动机的格罗斯特E28/39飞机（Gloster E. 28/39）升空还早两年。当两人在战后见面时，奥海因对惠特尔说："要是你们国家政府早点支持你的话，就根本不会有不列颠空战了。"我们不清楚奥海因

第13章
## 演化的和经过设计的飞行器有何不同？


是否见过惠特尔的专利。但这并不重要，因为早在 1921 年，就有一位法国工程师马克西姆·纪尧姆（Maxime Guillaume）申请了专利（惠特尔不知道这件事）。但我想在这里强调的是，无论惠特尔、奥海因还是纪尧姆，都不是最先想到这个创意的人。"孤独天才论"是错的。在漫长的历史中，有许多发明都多多少少接近喷气发动机。火箭在 10 世纪的中国就被用作武器了，1633 年时，奥斯曼帝国的一个男人甚至用火箭飞上了天——只飞了一小会儿。这位拉加里·哈桑·切莱比（Lagâri Hasan Çelebi）据说扒住了一枚"七翼"火箭，在火药推动下从托普卡匹皇宫升空，飞到了博斯普鲁斯海峡上空。在到达半空的某一点时他松手掉进海里，游泳上岸，在那里苏丹用黄金奖励了他的壮举。

里德利考察了一个又一个例子，包括蒸汽机、涡轮喷气发动机、疫苗、抗生素、抽水马桶、电灯泡和计算机，在每一个例子中，他都拆穿了"孤独天才论"。如果我们问美国人是谁发明了灯泡，他们可能会说是托马斯·爱迪生，而英国人则可能说约瑟夫·斯旺（Joseph Swan）。但实际上里德利指出，有来自不同国家的至少 21 个人可以宣称自己发明了灯泡。爱迪生确实有功，因为他不辞辛劳地发明了一种可以销售的产品。但是如果追根溯源，那么灯泡并非某个天才独自发明的，而是演化出来的——当然不是基因的演化，而是从头脑到头脑的演化。它是经过一个个艰难的步骤逐渐优化而成的。当然，这演化还没有完成。灯泡自爱迪生的时代以来不断得到改进，如今我们有了 LED 灯泡，它在各方面都更加优越了。技术都是这样一步步演化的，最引人注目的或许就是数字计算机了，它们的演化如此迅速，今年的型号还没火起来，明年更好（也更便宜）的型号又上市了。

是谁发明了飞机？莱特兄弟。是的，也许是他们最早用动力推进将人类飞行员送入了天空。但是在这之前，滑翔机的历史更加久远。莱特兄弟对滑翔机很熟，在很长一段时间都用滑翔机来做试验。你可以说，他们找来一架滑翔机，花了很长时间对它敲敲打打，然后加装了螺旋桨和内燃机，再乘上它就起飞了。但是这样总结掩盖了大量专业而耐心的敲打。兄弟俩曾经建造风洞，风洞肯定对他们改善细节大有帮助。奥维尔·莱特于 1903 年 12 月 17 日首次试飞（见图 13.2），他在空中只停留了 12 秒，飞行距离仅 37 米，时速约 10.9 千米。我不是要否定兄弟俩的荣誉——这的确是一项杰出的成就（他们当时遭到了势利的怀疑者的轻视，那些人不相信他们真的飞上了天），但这并不能证明孤独天才论。飞机是经过逐步演化产生的，它从起初的滑翔机经过早期双翼飞机，终于发展成了如今光滑、迅速而优雅的客机。

在前面我说突变的隼和椋鸟生存的概率更高，因为它们更善于飞行。这就好像在说，进步必须等待恰当的突变正好出现，这就有点像是等待"孤独的天才"出现似的。但实际上，演化不是这样发生的——就像人类的创新也往往不必等待孤独的天才。诚然，突变是演化中出现新"创意"的最终源头。但是有性生殖会将这些创意打乱，再混入其他基因，产生出许多不同的新鲜组合，再交给自然去选择。基因就像工程师的创意，也在经历打乱后重组，然后接受验证，而不单是等着巧妙的突变（或者孤独的天才）出现那么简单。

图 13.2 莱特兄弟首次
试飞

历史上第一次动力
飞行。注意图中扭曲的
机翼，这是莱特兄弟用
来调节飞行表面的巧妙
设计。这种做法已被现
代飞机所抛弃，但可以
说鸟类仍在使用这种"机
翼"的形式。

# 半个翅膀有什么用呢？

## WHAT IS THE USE
## OF HALF A WING?

### 森林里的飞龙

脊椎动物的骨骼提供了多种方式硬化滑翔的表面。这只"飞蜥"在一块皮膜内张开肋骨。它正准备在远处一截树干中较低的位置上利落地降落。

虽然演化已经得到大量证据支持，但是直到现在还有人不相信演化。这些人相信鸟和蝙蝠的翅膀就像飞机机翼，是有意识的创造性设计的产物，其设计者是某位超自然的全能工程师。这些人被称为"创造论者"（creationist）。虽然你不会在正规大学里看到他们，但在教育程度较低的圈子里有很多这样的人。

　　创造论者很喜欢的一个论据，正好也是我在前一章中表达的一个观点：演化必须通过渐进的、一步步的改变，它只能在已有的东西上修修补补，无法直接套用最佳解决方案。一说到翅膀，创造论者就喜欢提出本章标题中的那个问题："半个翅膀有什么用呢？"是啊，他们说，完整的翅膀是很好的，但是有翅膀的动物必然是从没有翅膀的动物演化而来的，那么那些翅膀处于中间状态的动物又得到了什么好处呢？十分之一的翅膀、四分之一的翅膀、二分之一的翅膀、四分之三的翅膀，这些中间状态的翅膀都有什么用呢？一个只长了半个翅膀的祖先不是会栽到地上吗？就算没摔死至少也会出丑吧？在演化中，通向完整器官的每一步都应该优于之前的一步。演化肯定是逐渐改进的上坡路。因此所有只长了一部分翅膀的中间态动物都必须生存下来。它们还必须生存得比那些翅膀略小一些的竞争对手更好。创造论者说，那些中间态的动物肯定会失败，肯定没有逐渐改进的上坡路。毕竟"半个翅膀有什么用呢？"

科学家是如何回应这个质疑的？答案其实简单得如同儿戏。回忆一下降落伞和滑翔的那章。想想鼯鼠和澳大利亚与它们对应的有袋类动物，袋鼯。想想鼯猴的四肢和尾巴之间撑出的那块被用作降落伞的皮膜。全世界的森林中栖息着许多这样美丽的滑翔动物，尤其在东南亚。飞蜥或者飞"龙"（飞蜥的拉丁名 *Draco* 是"龙"的意思）也有和鼯鼠一样的皮膜，但它的皮膜没有绷在伸展的四肢之间。飞蜥的肋骨横向外伸，支撑起两侧薄弱的皮翼。还记得前面的观点吗？演化会利用现成的东西，而不是在一块空白的绘图板上从头开始。东南亚的森林中还栖息着"飞"蛇，它们的肋骨间没有明显张开的翅膀（和所有蛇类一样，它们也没有四肢），但它们的肋骨撑得很开，这使整个身体变得扁平，它们的身体横截面有一点弯曲，仿佛飞机的机翼，这足以起到降落伞的效果，或许伯努利定理也帮了点忙。这些飞蛇能从一棵树滑翔到 30 米外的另一棵树。飞

第 14 章
**半个翅膀有什么用呢?**

蛇的降落同样非常缓慢,但降落的全程都在它的掌握之中。飞蛇看起来仿佛是在空中游泳,它使用的就是蛇在地面或水里的波浪形运动。在同样的森林中还栖息着滑翔的青蛙。它们的皮膜没有在四肢或肋骨之间撑开,而是在四条腿上张开的脚趾缝里。这些滑翔的动物没有一种能像鸟或蝙蝠般真正飞行。它们的飞行表面不是演化得很充分的翅膀,而是更接近降落伞的形状。这些表面能延长坠落的时间,但它们是怎么演化出来的呢(见图 14.1)?

图 14.1 "飞蛙"
这只"飞蛙"张开脚趾,用脚蹼兜住空气。

　　所有这些长着降落伞的动物都在森林中居住，它们栖息在高高的树冠上，在阳光的照耀下，树冠的树叶为整个森林群落提供食物。松鼠在这些空中草原上急促奔跑，偶尔从一根树枝跳到另外一根上。松鼠的尾巴有许多用途。它们或是抖动尾巴向别的松鼠发送信号，或是在树木间跑动腾跃时，用尾巴保持平衡。就我所知，松鼠的尾巴甚至能在下雨的时候充当雨伞，而且它还能为沙漠松鼠遮挡阳光。此外，我们在第 6 章看到，这个蓬松的表面还能兜住空气，使松鼠比没有尾巴的时候跳得稍远一些。

　　这一点为什么重要？如果一只松鼠没有够到它想够到的那根树枝，它就可能跌到地上严重受伤。树枝之间一定有松鼠不靠尾巴就能跳过去的临界距离。无论那距离有多长，略带蓬松的尾巴都能使松鼠跳得稍远一些。这个"稍远"是多远？即使只有几厘米，也能让尾巴稍微蓬松一点的松鼠获得一点小小的优势。然后在树冠更高的地方，会有另一个稍远一些的临界距离存在于两根树枝之间，那是一只尾巴更为蓬松的松鼠刚好能跳过去的。余下的就以此类推了。森林的树枝间有完整的距离范围。因此，无论松鼠能用它现在的尾巴跳多远，在更高的树枝之间永远还有一段更远的距离，那是它的尾巴再蓬松一点或者再长一点就能跳过去的距离。如果松鼠下一代中的某一个体长出了略加改进的尾巴，那么它就较不容易跌下树枝，较有可能存活下来，并将经过改进的尾巴的基因遗传下去。

260

第 14 章
半个翅膀有什么用呢？


读过第 6 章后，你就知道这段论证会走向什么方向了。我的重点是，蓬松的尾巴不是"要么有，要么没有"的特征。一根尾巴无论多大、多蓬松，总会有一个它刚好够不到的跳跃距离：只有松鼠的尾巴再长一些、再蓬松一些，它才能跳过这个距离。由此就产生了一条平稳的改进梯度。而这正是我们的演化论证所需要的。

一条蓬松的尾巴和一对翅膀不是一回事，这种尾巴甚至不像鼯鼠或鼯猴的降落伞。但是你很容易猜到我接下来要如何论证：任何松鼠都可能在腋窝下有一块松弛的皮肤。这块松皮会稍微增加一点松鼠的表面积，却不太增加它的体重。这块皮膜可以起到和蓬松的尾巴一样的作用，但在皮膜有效的帮助下，松鼠能跳跃的距离略微增加了一些，这使松鼠能够成功跳上枝头。森林的树枝间有连续的距离范围。无论松鼠能跳多远，树冠间总能出现更远一些的距离，另一只松鼠能跳过去是因为它的皮膜略大了一些。于是这里又产生了另一条平稳的改进梯度。有了它，我们的演化论证就完整了。这样一条梯度的尽头就是鼯鼠或者是袋鼠、鼯猴，它们都长出了完整的翼膜。那么这个坡在这里就"到头"了吗？它为什么会到头呢？鼯鼠和鼯猴会在降落时移动四肢，由此掌握滑翔的方向。从这里再进一步，如果它们更有力地反复挥动手臂，不就出现扑翼的动作了吗？我要说明一下，像这样扑翼只能稍稍延长向下的滑行。不过我们应该一眼就能看出这种延长可以无限继续下去吧？渐渐地，一步步地延长，蝙蝠就是这样演化出来的吗（见图 14.2）？

不巧的是，还没有可用的化石能告诉我们蝙蝠第一次是怎么飞上天的，但我们很容易想象出一个合理的梯度：鼯猴的翼膜大多在

图 14.2　蝙蝠就是这样演化出来的吗？

鼯猴的手指间有蹼，但这蹼只是巨大翼膜的一部分。要从鼯猴变成蝙蝠，只要把手指长长就行了。

主要的肢骨和尾巴之间伸展，但它也在短小的手指间伸展。长蹼的脚在水鸟和哺乳动物中是很常见的，比如鸭子和水獭。就连有些人类在出生时手指间也带着短小的蹼。这是很容易出现的情况，原因是胚胎学中的有一个特定事实，一种被称为"细胞凋亡"的现象。包括人类在内，凡是发育的胚胎，其手指间起初都连着蹼，后来才像雕刻似的彼此分开了。细胞以精心设计的方式死亡，经过设计的细胞凋亡就是雕刻胚胎的一种手段。在子宫里的时候，所有哺乳动物的手指间都带着蹼，直到构成蹼的细胞死亡殆尽（见图 14.3）。但也有例外：水獭及其他需要用蹼来游泳的水生动物、需要用蹼来飞行的蝙蝠，再加上少数人类个体，就像我前面说的，他们或它们的细胞凋亡没有完成。

鼯猴的手指很短。你很容易想象一种类似鼯猴祖先的动物，它那带蹼的手指在漫长的演化中渐渐伸长，最终成了蝙蝠。鼯猴在它所在系谱中是孤独的，与任何其他哺乳类的关系都很疏远。在有生命的亲戚中，和它们最亲近的除了灵长类就是蝙蝠了。即使它们与蝙蝠没有亲缘关系，我在这里举出的论证也依然有效。对蝙蝠的祖先来说，先后演化出翼膜和翅膀根本不难，反倒很容易：只要它能预防细胞凋亡，同时增加指骨相对于肱骨的长度就行了。至于驱动这个进程的选择压力也很容易重建出来：一边是一厘米一厘米地逐渐增加跳跃的距离，一边是一厘米一厘米地伸长带蹼的手指，以增进对飞行表面形状的敏锐控制。接下来是扇动手掌，以改善控制并延长滑翔的距离，最后真正的飞行就达成了。

说到这里我必须提起一件事：关于脊椎动物如何走上飞行之路，不同的科学家捍卫着两种不同的理论。一种是"树木滑翔论"，另一种是"地面起飞论"。直到现在我只提到了"树木滑翔论"。我必须承认我更喜欢这个理论，但其实这两种理论都可能成立，就看说的是哪种飞行动物了。例如，蝙蝠或许是按"树木滑翔论"演化出来的，而鸟的演化却是按"地面起飞论"。我们这就来看看"地面起飞论"，在鸟类研究中它确实最受推崇。

鸟类演化的源头是已经长出羽毛，并用后腿奔跑的爬行类。它们的祖先是与著名的恐怖巨兽霸王龙有着亲缘关系的几种恐龙。两条腿可以跑得很快，就像今天的鸵鸟。当你用后腿快速奔跑时，你的前肢并未直接参与其中，不像那些用四肢快速奔跑的哺乳动物那样。但或许你的前肢还是可以帮上忙的，运动员在奔跑时会用力将胳膊前后甩动。鸵鸟是跑得最快的陆地动物之一，它们在奔跑时用"胳膊"（你也可以称之为短翅，因为它们是鸵鸟从会飞的祖先那里继承来的，仍看得出翅膀的样子）保持平衡，尤其在转弯的时候。

也许靠后腿快速奔跑的爬行类还可以跑得更有效率，方法就是在奔跑中夹杂着跳跃，像水中的飞鱼。原本为保温目的演化出来的羽毛可以像我提到的松鼠的蓬松尾巴那样协助跳跃。特别是尾部和前肢的羽毛，它们可以像哺乳类长出的翼膜那样拉长跳跃的距离。向外伸出用于保持平衡的前肢在这里也特别有用，它们或许成了原

图 14.3　雕刻出手指

在子宫里的时候，我们的手指间都带着蹼。在出生后，有些人的蹼也不会消失。

始的翅膀，虽然它们还不足以支持真正的飞行，却已经能使跳跃延长了。这个论证类似刚才那个树木提供越来越长的树枝间距的论证：无论爬行类收起了带羽毛的前肢能跳多远，伸开前肢总能多跳一些。雉和我们之前说过的孔雀都不擅长飞行，通常它们起飞没多久就要降落。孔雀的飞行不过是拉长的跳跃，作用是帮它们摆脱危险，就像飞鱼会暂时跃入空中躲避追赶它们的金枪鱼。随着一代代的繁衍，那些爬行类走了一条上坡路，它们逃跑时的跳跃距离稳步变长，使用的带羽毛的前肢的表面积也稳步变大，最终达成长度无限的真正的飞行。

从猎物切换到猎手，我们还有一个"猎食者突袭"（pouncing predator）理论。按照这个理论，有一种长羽毛的恐龙专门伏击猎物。它先埋伏于高处，比如一道陡峭的河岸上，等待猎物经过，然后突袭。长有羽毛的前肢和尾部使这种猎食者能在空中短暂停留，这意味着它们可以从更远的距离突袭猎物。这些猎食者也走上了一条逐渐改进的上坡路，就像我们之前提到的鼯鼠那样，但是对于这些猎食者，这条上坡路代表的是稳定增加的扑杀距离。

这个"从地面起飞"奔跑的理论还可能有一个变体。昆虫学会飞行的时间远早于任何脊椎动物，成群飞行的昆虫是丰富的食物资源，等待着演化中的脊椎动物去开采。也许快速奔跑的爬行类曾经跳到空中去捕捉这些昆虫，它们或许像今天的狗一样咬住昆虫，或

# 第 14 章
## 半个翅膀有什么用呢?

者像猫一样高举前肢。普通的宠物猫能跳 2 米高,并在空中伸出爪子抓住飞鸟,还有昆虫。豹子这样的大型猫科动物也会如此,并抓住较大的鸟类。那些爬行类祖先是不是也做了类似的事情捕捉飞行的昆虫?它们那原始而无法飞行的"翅膀"是不是帮上了忙?

首先,我们来看看著名的化石,始祖鸟。在许多方面,始祖鸟都是鸟类和我们一般认为的爬行类之间的过渡动物。它的翅膀很像现代鸟类,但又有突出的手指。和现代鸟类不同的是,它有着爬行类那样的牙齿。对,我是说"和现代鸟类不同",不过嘛,在一本可爱的博物学著作《母鸡的牙齿和马的脚趾》(*Hen's Teeth and Horse's Toes*)中,已故的斯蒂芬·杰·古尔德(Stephen Jay Gould)描写了实验胚胎学家如何巧妙地使鸡的胚胎长出牙齿。在实验室里,他们重新发现了一种已经遗失千百万年的祖先能力。始祖鸟还长着一条爬行类那样的骨质长尾,那无疑是一个重要的飞行表面兼稳定器官,与它的翅膀相互配合(见图 14.4)。

有人提出,始祖鸟的祖先发现它们的羽毛(最初演化出来是为

---

⭢ 图 14.4 这是鸟还是爬行类,谁在乎呢?

始祖鸟很接近所有鸟类的爬行类祖先,因此是一个过渡性物种。它有牙齿和突出的手指,还有一根长尾巴用来稳定身体。

了保温）很适合捕捉昆虫。它们前肢的羽毛越长越大，变成能够横扫飞行昆虫的捕蝶网。结果证明羽毛织成的捕蝶网还有一个益处，就是充当原始的飞行表面。这不能说是真正的飞行，但长有羽毛的前肢或许曾帮助爬行类跳起来够到高处的飞虫，并能将它们罩住。飞行表面需要庞大的面积，捕蝶网也是。在跃到空中捕捉昆虫时，这张"捕蝶网"也起到了原始翅膀的作用，它延长了跳跃的距离，也增加了跳跃的高度。翅膀在横扫昆虫时的动作有点像在拍打翅膀，这或许给始祖鸟提供了额外的升力。渐渐地，始祖鸟的前肢失去了"捕蝶网"的功能，并被翅膀的功能所取代。按照这个理论，鸟类真正的扑击飞行就是这样演化出来的。我必须说明，相比"树木滑翔论"，我认为这个"捕蝶网论"连同其他几种"地面起飞论"都不太可信，但为了完整起见，我还是要提一提的，因为有些生物学家很看好它们。

"地面起飞论"还有一个版本叫"跑步爬坡论"。栖息于地面的动物常常会匆匆跑步上树，以此躲避猎食者。第一个跃入人们脑海的是松鼠，其他许多动物也会这样，只是没有这么熟练罢了。并非所有树干都是垂直的。有些倾倒的死树或折断的粗枝提供了一道斜坡。其实这种斜坡也有完整连续的角度范围，从完全水平到完全垂直都有。试想要跑上一道 45 度斜坡，除了攀爬，动物还可以扇动有羽毛的前肢助力。它们还不能算翅膀，还没有发育到足以支持

# 第 14 章
## 半个翅膀有什么用呢?

动物在空中翱翔的地步,但是当这些前肢在一截倾斜的树干上拍打时,产生的那一点点多余的升力和稳定性却足以使动物死里逃生。于是这里又出现了一个改进的上坡,这个上坡既是比喻也是事实。在那对原始的翅膀为跑上 45 度斜坡而发育的同时,它们也在准备改进,从而应对 50 度及更陡的斜坡。这一切听上去有些接近空想,但研究者确实用灌木火鸡做了几个绝妙的实验。

☞ **顺便说一句**,其实不重要的话,灌木火鸡(brush turkey)的名字里带有"火鸡"(turkey),但其实它并非火鸡。之所以得到这个名字,是因为在澳大利亚的动物当中,它看起来是最像美洲火鸡的。灌木火鸡这种鸟类演化出了一种不同寻常的孵蛋方式。它并不坐在蛋上,而是放一大坨堆肥,再把蛋埋进去。堆肥腐烂时,其中的细菌释放热量,这能用来孵化鸟蛋。孵化中的鸟蛋对温度十分挑剔。当父母坐在蛋上时,温度是刚好的,因为父母会精确调节体温。那么灌木火鸡是如何调节那坨堆肥的温度的呢?就是当它太热的时候将顶部的植物取走,太冷的时候再放上去,就像给堆肥盖上一条毯子。它们的喙演化成了一支温度计,可以插入堆肥来测量温度。

　　我忍不住要岔开去说两句灌木火鸡堆肥的事情。我觉得它们真的很奇妙。但是就这本书来说，重要的是灌木火鸡的幼鸟从一孵化开始就已经十分能干和独立了。它们必须如此，因为父母不会在一旁边照看它们。惊人的是，它们甚至在孵化当天就能飞行。不过飞行并不是它们躲避猎食者的首选方式，它们更喜欢往树干上跑，边跑边扇动翅膀，帮助自己登上斜坡。它们甚至能够扇动翅膀登上垂直的树干。你很容易想象，既然今天的灌木火鸡的幼鸟能扇动丰满的羽翼爬上垂直树干，那么不太丰满的羽翼也能帮助它们的祖先登上较缓的斜坡。而且灌木火鸡的祖先非得扇动它们的羽翼才有效果，就像今天的灌木火鸡也会扇动翅膀一样。在这里我们又有了一个改进的上坡（刚好就是一个上坡的梯度）。如果我们想要回答"半个翅膀有什么用呢"这样的问题，就必须有这类梯度。事实上，与创造论者的观点相反，要想出许多途径让动物一步步逐渐获得飞行能力，这其实一点也不困难。半个翅膀在许多方面都比没有翅膀强。

　　那昆虫呢？昆虫在脊椎动物之前的几亿年间就学会了飞行，它们是怎么学会的？今天的大多数昆虫都有翅膀，但也有一些昆虫的祖先是有翅膀的，到它们这里却遗失了，比如跳蚤。这些是所谓"次级无翅"（secondarily wingless）昆虫。我们在前面看到，工蚁和白蚁不仅祖先有翅膀，它们的亲代也有——蚁后和雄蚁都有翅膀。还有一些是"初级无翅"（primitively wingless）昆虫，比如蠹鱼和弹

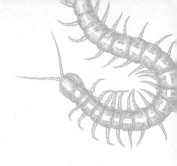

## 第14章
### 半个翅膀有什么用呢?

尾虫,它们从祖先开始就没有翅膀。

和所有节肢动物(包括昆虫、甲壳类、蜈蚣、蜘蛛、蝎子等)一样,昆虫的剖面图也是分节的,这种分节在蜈蚣和千足虫身上体现得更为明显。它们的身体就像列车,许多节车厢排成一列,几乎每一节都完全相同,每一节都长着腿。而其他节肢动物,比如龙虾和昆虫,它们虽然也有分节,但更为复杂:它们的各个分节(每节"车厢")在演化中变得有了区别。有的列车包含许多一模一样的车厢,有的列车除了相似的车轮和相同的联轴器却节节不同。我们脊椎动物也是分节的,看看脊柱就明白了。而且即便是我们的头部,如果你仔细观察,也会发现它是分节的,尤其在胚胎阶段。

昆虫的前六节组成了头部,但它们都挤压在一起,模糊了列车般的排列,哺乳类也是如此。接下来三节是胸部,剩余几节组成了腹部。胸部的三节各有一对足,大多数昆虫的后两个胸节还有两对翅膀。我们已经看到,蝇(及它们的亲戚,如蚊子和蛾)是特殊的一类:它们只有一对翅膀,第二对已在演化中萎缩,成了"陀螺仪"似的平衡棒。

不同于脊椎动物,昆虫的翅膀并非经过调整的前肢。我们在前文中已经看到,它们是胸壁的延伸。昆虫的六条腿都仍可以自由行走。关于昆虫翅膀的起源有多种理论。许多飞行昆虫都有一个幼年时期,其间它们生活在水里,成年后才飞到空中。这些称为"若虫"

的幼小昆虫用鳃来做水下呼吸。若虫的鳃和鱼鳃不同，但碰巧和蝌蚪的鳃相同，也是羽毛状的增生物。有科学家认为，昆虫的翅膀就是由这些鳃调整、演化形成的。另一个理论认为，水栖若虫长出了在水面上穿行的"风帆"，这个"风帆"进而变成翅膀。

现在有一个时髦的理论认为，昆虫的胸部长出小片突起是为了吸收阳光，这些突起物是暖身用的"太阳能板"，而不是飞行表面。这个理论的提出者用模型昆虫开展了实验，部分实验在风洞中进行。结果显示，这些很小的胸部突起在空气动力学方面的性能不佳，不如它们吸收阳光的性能。而当翅根较大时，空气动力学方面的性能也会变得较好。这些从胸部突出的平面有一个阈值，超过这个阈值，昆虫突起物飞行表面的功能就会取代太阳能板的功能，成为昆虫飞行的主要优势。因此，如果翅根最初是为了吸收阳光长出来的，那么昆虫就只需要越长越大就行了，出于种种原因，这一点是很容易并且经常能够做到的。而当翅膀越来越大时，它们会自动转化成更为有用的飞行表面，并进而演化成正式的翅膀。

总之，这一理论认为，这个演化梯度上最初的几步是昆虫为了靠阳光取暖而跨出的。很显然，这会是一个平滑的梯度：翅根的面积越大，吸收的阳光就越多。而一旦超过了阈值，翅根就自动转化为有用的飞行表面，最初用于滑翔，继而用于靠胸部已有肌肉的扑击飞行。前面第 8 章说过，昆虫扇动翅膀一般是靠肌肉牵动胸甲变性完成的。让我们再想一想:最好的吸光板多半都很薄,比如翅膀。体形的逐步增大会顺带扩大胸部的突起,而一旦超过阈值,它们就自动变成更有用的飞行表面。

无论你喜欢我这里介绍的哪种理论,我们都要重申一个结论:"半个翅膀有什么用呢"其实并不成问题。对于昆虫、翼龙、蝙蝠和鸟类,由自然选择促成的逐步演化自会给出答案。

图 14.5  连半个翅膀都不是

森林中的飞蛇展示了如何飞行:只要压扁身体,使宽度倍增,并在空中蜿蜒"游动",它就能从一棵树飞到另一棵树了。

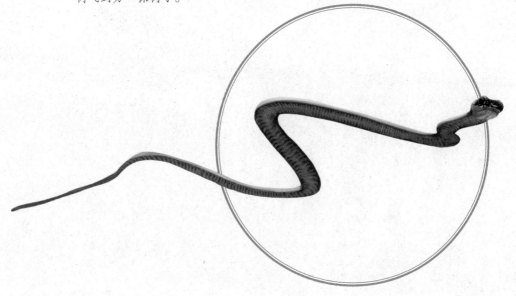

第 15 章

# 向外的冲动：不只是飞行

## THE OUTWARD URGE:
## BEYOND FLYING

**在本书写作时火星上的一幕**

　　未来人类殖民地会在火星上繁荣发展吗？到那时从火星上打电话回家就没那么容易了。根据相对轨道位置的不同，每个字分别需要 3 至 22 分钟才能传到地球上。

我在本书开头问过，你是否偶尔做过这样的梦：像鸟一样在空中飞翔？现在本书快要到结尾了，我还想问问你是否梦想过有一天能干脆离开我们的地球，飞向遥远的火星、木星的一颗卫星或者土星。在我年轻时，这个梦还只是科学幻想。我当时喜欢一个叫未来机长丹·戴尔（Dan Dare, Pilot of the Future）的漫画人物。他常和来自兰开夏郡的副手迪格比（Digby）轻松跃上太空船，手握操纵杆，朝着木星大致的方向匆忙而去。

　　我们现在知道事情没有这么简单。飞到木星需要几年时间。那是一个庞大的协作项目，将涉及数百位工程师和科学家，他们要提前很久运算轨道，还要利用途中周边的其他行星，规划一个复杂的引力助推计划。就算是火星也要几个月才能飞到。但这种可能性是成立的。无人驾驶飞船已经做到了。埃隆·马斯克不但想把他的火箭送上火星，还想在那里建殖民地。他的理由是严肃的。

你还记得第 11 章的讨论吗？我们提到一个数学理论，它解释了为什么动植物会演化出一种冲动——即使亲代自己生活的地方已经尽可能好了，它们也要将至少一部分后代送到远处去尝试谋生。最关键的原因想必你还记得：无论你身在何处，那个地方早晚会遇上一场大灾，也许是火灾、洪水或是地震，一个地方即使现在是世界上最好的，将来未必还是，反而可能是最坏的。

好了，如今人类肯定最适合栖息在地球，而火星是恶劣的生存场所。但是将来的某一天，地球会不会遭遇一场严重灾难，届时人类生存的唯一方式，只能是派先驱者到别处去建殖民地呢？那会是什么灾难呢？有几种可能，比如气候变化的长期影响，一种致命的全球疫病，又或是包括生物战在内的种种高科技战争失去了控制。我还想提出一种可能性来代表所有这些灾难。诚然那是短期内最不可能发生的一种，但我还是要说一说它，因为它很有可能是最少进入大众印象的一种。而且它虽然短期内不太可能发生，但终有一天会发生。到那一天来临之时，那会比任何人最恐怖的梦魇还糟糕。如果想避开它，我们就必须使自己的飞行技艺大大超越本书已经介绍的那几种。

你一定知道恐龙的遭遇。这个族类曾经统治大地长达 1.75 亿年。对各种恐龙来说，出于各种理由，地球都是一颗完美的行星，直到

# 第 15 章
## 向外的冲动：不只是飞行

那一天的到来。在蔚蓝的晴空中毫无预警地出现了一块如山般庞大的陨石，它以每小时约 6.4 万千米的速度径直冲向今天墨西哥尤卡坦半岛的方位。当地的气温骤升到 2000 摄氏度以上，将周围的恐龙瞬间汽化。然而这还只是开始。这次撞击相当于几十亿枚广岛原子弹在一个地点同时爆炸。大海沸腾了，高达数英里的巨浪冲刷了全世界。但到头来，杀死最后几只恐龙的多半不是爆炸的热浪、森林火灾或者海啸。震天动地的撞击激起了一片包含灰烬、尘土和硫酸滴的浓云，这使全世界在黑暗和寒冷中度过了好几个年头。尤卡坦的恐龙是幸运的，它们当场死亡了。幸存下来的那些就要忍受命运漫长的煎熬了：当它们赖以生存的植物因为缺乏阳光而枯萎时，它们只能受冻挨饿。我们哺乳动物之所以存活了下来，很可能是靠钻进地下冬眠。最终我们爬上了地面，抖抖胡须，眨眨眼睛，面对缓慢回归的阳光不知所措。那些寥寥无几的幸存者的后代就是今天的我们：我们演化成了小鼠和犀牛、大象和袋鼠、羚羊、鲸鱼、蝙蝠和人类。上一次我们很幸运，下一次就未必有这么走运了。

因为同样的事情还会发生。小颗流星常常撞击地球，而总有一天，我们会撞上与 6500 万年前使恐龙灭绝的陨石同样大的另外一颗，甚至可能更大。但你也不要担心得晚上睡不着觉。这种事虽然可能在你的有生之年发生，甚至可能就在下周，但这种可能性是很

281

低的。6500万年是很长的一段时间，我们也许再过6500万年也不会遇到严重的撞击。不过，仍有一些人认为人类应该为这一可能性着手准备了，我在比较悲观的时刻也会这么想。这件事没有人会替我们做，行星的未来全靠我们自己。

有一种准备的方法是开发新的技术，在来袭的抛射物的椭圆形轨道与我们的近正圆形轨道相交之前，先对其开展侦查和拦截，并迫使其改变方向。我们距离掌握这项技术并不太远。我们的罗塞塔探测器曾在一颗彗星上着陆，这朝着正确的方向迈进了一大步。下一步就是把威胁我们的小行星或彗星推上一把，使其进入一条略为不同的绕日轨道。我们可以让它的速度加快或放慢一些，使它的轨道不再与我们相交。无论加快或是放慢，对其速度的必要改变都没有我们所认为的那样大。不过要影响一颗可能威胁我们生存的山体大小的流星，还是需要给它施加一个很大的力的。

无论威胁地球的是什么，无论是一颗彗星还是一场无法阻止的瘟疫，我们都应该注意第11章的教训，在另一颗行星比如火星上创建一个人类殖民地。当然，火星也可能被一颗巨大的小行星击中。但它和地球不会被同一颗小行星击中或遭遇同一场瘟疫，你肯定听过"不要把鸡蛋全部放在一个篮子里"这句谚语。在火星上建立殖民地将极为艰难——火星谈不上有什么氧气，上面的水也很少。这个殖民地无法挽救大量人类个体，但能挽救我们人类这个物种。它

# 第 15 章
## 向外的冲动：不只是飞行

至少能为我们保留一段记忆，一份记载了我们过去千百年来成就的档案：我们的音乐、艺术、建筑、文学和科学。它也会创造一种可能，就是终有一天我们会再次殖民地球，从头开始建设家园。那绝对是我们想去火星的理由之一。

在第 11 章中，当我们介绍动植物有一种向外的冲动，要让后代离开眼前的舒适区，把种子散播到蛮荒的未知世界时，你有没有联想到人类历史上类似的现象，比如冒险精神或是开拓的莽撞？你有没有想到驱使着那些伟大冒险者的那股冲动，比如克里斯托弗·哥伦布，他对前路毫无头绪，但他就敢向着西方的美洲启航？或是斐迪南·麦哲伦，他曾经冒险环球航行（虽然在返回故乡前被杀了）？在他们之后还有那些向往成为殖民者的人，他们的目标是逃避迫害、寻求庇护，至少在美国是如此，但他们不知道有什么灾祸在等着自己。

更早的时候，由红发埃里克（Eric the Red）带领的维京人也曾凭着类似的向外的冲动驶向西方的未知世界，并在格陵兰岛建立了家园。埃里克的儿子莱夫·埃里克松（Leif Ericson）走得更远，他一直到了北美洲，比哥伦布还早了 500 年。谁也不知道今天美洲原住民的祖先是何时从亚洲出发，并跨过冰冻的白令海峡的，但谁又敢自信地否认他们也被同样的冒险精神引领呢？红发埃里克和那些西进的冒险者建立的维京王朝可能启发了科幻作家约翰·温德姆

（John Wyndham）写下《向外的冲动》（*The Outward Urge*）一书，我把这个书名借来当作本章的标题。温德姆这本书的主人公是一个家族的七代人，在他们身上，探索未知世界的冲动代代相传，并不断引领着他们走向宇宙的更深处。

写下这几段时，我正在苏黎世一家酒店的客房，我来这里是为了参加一个鼓舞人心的会议——星空大会（STARMUS），与会的有科学家、摇滚乐手和宇航员，都是来纪念 50 年前人类首次登上月球的。在场的好些宇航员都曾参加过美国的阿波罗计划。有几位还在月球上行走过。他们在会议上一个接一个地起身，富于表现力地诉说当年的经历如何改变了他们，他们进入太空，在月球上行走，失重地飘浮，并在漆黑的夜空中回望地球。他们多半是从战斗机试飞员中挑选出来的。一般来说，战斗机驾驶员并不具有诗人的天性，情感也不丰富，因此他们的诉说就显得格外感人。我将他们视作那些伟大的海上探险家的传人，那些过去几百年里的埃里克松、麦哲

图 15.1 复活节岛是怎么发现的?

当年波利尼西亚岛航海者的冒险精神是否还活跃在我们这个物种的"向外的冲动"之中,继续支撑着我们殖民火星,也许还要在遥远的将来抵达远方的恒星?

伦、德雷克和哥伦布。或许更加贴切的，是将他们比作波利尼西亚人，他们在浩瀚的太平洋上驾驶独木舟，殖民了一座又一座岛屿，他们甚至深入遥远的复活节岛——对他们来说，这次远行或许就像我们的登月冒险一样。

与此同时，身为演化生物学家，我又不禁想到了深远的过去。我想到我们的祖先，他们在 1000 个世纪之前走出非洲，前往亚洲、欧洲和澳洲殖民，并且跨过白令海峡，成为第一批真正的美洲原住民。他们也是受了这股向外的冲动的驱使吗？抑或他们只是一代代无目的地漫游，从来没想过自己会是一次伟大历史迁徙中的一环？

再回到数百万个世纪之前，这种向外的冲动是否也驱使着最早的鱼类冒险登上陆地？那是不是一条特别爱冒险、有胆量的肉鳍鱼呢？抑或那又是一个偶然的意外事件？第一只跃入天空的爬行类又如何呢？当那只长着羽毛的恐龙怀着一颗雄心向上飞跃，它就注定了要成为鸟类大家族的祖先。它是一个聪明而勇于开拓的利己主义者吗？还是它只想碰碰运气？我真的很想知道答案。

回到苏黎世的大会，与会的另一半人都是科学家，其中包括几位诺贝尔奖得主，他们在精神上和宇航员一样，也向那个失重的未知世界试探地迈出了最初一步。摆脱重力的漫长道路从昆虫、鸟类、蝙蝠和翼龙开始，经过我们人类的热气球驾驶员和飞行员，终于到达了两座最后的顶峰：字面意义上，是宇航员飞到的失重高度；象

# 第15章
## 向外的冲动：不只是飞行

征意义上，则是科学家想象力的畅想。

> 从我的枕上抬头，借着月亮或便利的星光遥望，
>
> 我见到教堂的门厅里立着牛顿的雕像，
>
> 他手托着三棱镜，面容沉静，
>
> 大理石雕琢出一颗出众的心灵，
>
> 它永远在思维的奇异海洋上，独自徜徉。

——威廉·华兹华斯《序曲》，1799年

华兹华斯这几行赞美牛顿的诗句或许更适合斯蒂芬·霍金，他因为残忍的疾病无法移动身子，心灵却独自徜徉于思维的奇异海洋上，我们从外表只能看到他永远沉静的面容。苏黎世大会把斯蒂芬·霍金奖颁给了一个合适的人选，他是富有远见的工程师，也是心怀"向外的冲动"的预言者，我的这本书就是献给他的。

我把科学本身也看作一次飞向未知的史诗飞行。它或者是朝向另一个行星的真实迁徙，或者是心灵

的畅想，以抽象的方式翱翔于奇异的数学空间。它或许正通过望远镜向上跳跃至不断后退的、遥远的其他星系；或许正透过闪闪发光的显微镜管深深潜入活细胞的"机舱"内；或许正绕着大型强子对撞机与粒子竞速。或许它正在时间中飞行，或随着膨胀的宇宙向前穿越，或透过岩石穿越到太阳系诞生之前，奔向时间本身的源头。

就像飞行是摆脱重力进入第三维度，科学也在摆脱日常生活，盘旋地升上想象的精妙高度。

来吧，让我们张开翅膀，看它们会将我们带往何方。

# 致　谢

作者要感谢安东尼·奇塔姆（Anthony Cheetham）、乔治娜·布莱克韦尔（Georgina Blackwell）、杰西·普赖斯（Jessie Price）、克莱芒丝·雅基内（Clémence Jacquinet）、史蒂文·巴尔布斯（Steven Balbus）、戴维·巴尔布斯（David Balbus）、安德鲁·帕特里克（Andrew Pattrick）、戴维·诺曼（David Norman）、迈克尔·卡特维尔（Michael Kettlewell）、萨拉·卡特维尔（Sarah Kettlewell）、凯特·卡特维尔（Kate Kettlewell）、格雷格·斯迪克雷泽（Greg Stikeleather）、劳伦斯·克劳斯（Lawrence Krauss）、伦纳德·特拉米尔（Leonard Tramiel）、简·切夫斯（Jane Sefc）、索杰·肯宁顿（Sonjie Kennington）、亨利·贝内特·克拉克（Henry Bennet-Clark）、康妮·戈姆利（Connie O'Gormley）和已经去世但深受怀念的兰德·罗素（Rand Russell）。

# 图片来源

本书的黑白插图来自 Shutterstock。
以下为图片作者信息。

| | |
|---|---|
| p14 | 精灵 (Gluiki) |
| p20–21 | 蝴蝶和飞蛾 (Yevheniia Lytvynovych) |
| p22 | 吸血蝠 (Hein Nouwens)；蛾 (Morphart Creation) |
| p30 | 飞鸟 (Ihnatovich Maryia) |
| p37 | 靛彩鹀 (Morphart Creation) |
| p42–43 | 英国海军罗盘 (Morphart Creation) |
| p49 | 北岛褐几维 (Hein Nouwens) |
| p60 | 渡渡鸟 (Morphart Creation) |
| p72–73 | 鸟蛋 (Bodor Tivadar) |
| p75 | 长翅膀的狮子 (Barashkova Natalia) |
| p88–89 | 大象 (monkographic) |
| p98–99 | 血管 (MicroOne) |
| p104–105 | 羽毛 (Artur Balytskyi) |
| p114 | 鼯猴 (Morphart Creation) |
| p116–117 | 西域兀鹫 (Gwoeii)；雕 (Evgeny Turaev) |
| p124–125 | 巨乌贼 (Diana Hlevnjak) |
| p132–133 | 飞机图纸 (Vector things) |
| p144 | 飞机 (Viktoriia_P, byvalet, Alexander_P) |
| p147 | 拿着卡片的手 (Maisei Raman) |
| p151 | 企鹅潜水 (Animalvector) |
| p160–161 | 蜻蜓 (Morphart Creation, Nepart) |
| p162–163 | 昆虫 (Bodor Tivadar, Artur Balytskyi) |
| p166–167 | 飞行器仪表盘 (Richard Laschon) |
| p180–181 | 热气球 (Babich Alexander) |
| p184 185 | 热气球 (Bodor Tivadaı) |
| p188 | 教堂尖顶 (Morphart Creation) |
| p192–193 | 鱼类 (Bodor Tivadar) |
| p194–195 | 飞艇 (Artur Balytskyi, Morphart Creation) |
| p200–201 | 行星 (Artur Balytskyi) |
| p202–203 | 埃菲尔铁塔 (Hein Nouwens) |
| p214–215 | 云朵 (vectortatu) |
| p225–227 | 花朵 (Channarong Pherngjanda) |
| p242–243 | DNA 双螺旋 (LHF Graphics) |
| p248–249 | 喷气引擎 (shaineast) |
| p250–251 | 灯泡 (Babich Alexander) |
| p260–261 | 松鼠 (Morphart Creation) |
| p264 | 鸵鸟 (Evgeny Turaev) |
| p273 | 蜈蚣 (Evgeny Turaev) |
| p281 | 流星 (nickolai_self_taught) |
| p287 | 望远镜 (pikepicture) |
| p289 | 飞翔的少年 (ArtMari) |

著作权合同登记号：图字 18-2022-162

**图书在版编目（CIP）数据**

　　你想飞吗，像鸟一样？ / （英）理查德·道金斯著；（斯洛伐）亚娜·伦佐娃绘；高天羽译 . -- 长沙：湖南科学技术出版社，2023.1
　　ISBN 978-7-5710-1907-5

　　Ⅰ . ①你… Ⅱ . ①理… ②亚… ③高… Ⅲ . ①飞行—青少年读物 Ⅳ . ① V323-49

　　中国版本图书馆 CIP 数据核字（2022）第 213456 号

上架建议：畅销 · 科普

NI XIANG FEI MA, XIANG NIAO YI YANG ?
你想飞吗，像鸟一样？

作　　　者：[英] 理查德 · 道金斯（Richard Dawkins）
绘　　　者：[斯洛伐] 亚娜 · 伦佐娃（Jana Lenzová）
译　　　者：高天羽
出 版 人：潘晓山
责任编辑：刘　竞
监　　制：吴文娟
策划编辑：曾雅婧
特约编辑：范　琳
版权支持：王媛媛
营销编辑：傅　丽
封面设计：潘雪琴
内文设计：李　洁
出　　版：湖南科学技术出版社
　　　　　（湖南省长沙市芙蓉中路 416 号 邮编：410008）
网　　址：www.hnstp.com
印　　刷：北京嘉业印刷厂
经　　销：新华书店
开　　本：700mm×995mm 1/16
字　　数：106 千字
印　　张：18.25
版　　次：2023 年 1 月第 1 版
印　　次：2023 年 1 月第 1 次印刷
书　　号：ISBN 978-7-5710-1907-5
定　　价：88.00 元

若有质量问题，请致电质量监督电话：010-59096394
团购电话：010-59320018